LARGE SITE SERVER CAPACITY PLANNING

大型网站服务器容量规划

郑钢 贺亚涛 尤胜涛

著

人民邮电出版社

北京

图书在版编目（C I P）数据

大型网站服务器容量规划 / 郑钢，贺亚涛，尤胜涛著. -- 北京 ：人民邮电出版社，2016.8
ISBN 978-7-115-42525-6

Ⅰ. ①大… Ⅱ. ①郑… ②贺… ③尤… Ⅲ. ①网络服务器－容量－规划 Ⅳ. ①TP368.5

中国版本图书馆CIP数据核字(2016)第123639号

内 容 提 要

本书讲解了用数学回归分析方法来做服务器容量规划的思路，让读者掌握服务器容量规划的量化方法；模型的选择是服务器容量规划的关键，不同的程序有不同的模型。本书使用 nginx+PHP+MySQL 为实例演示了具体的规划过程，以便达到触类旁通的作用，使读者具备构建复杂模型的能力，以解决服务器容量规划的实际问题。本书还介绍了服务器容量一般监控的技术及实现方法，如整机 CPU、进程 CPU、进程 IO 等。学习完相关章节后，读者也可以编写监控程序了。

本书适合互联网行业运维工程师、测试工程师、技术经理、项目经理、产品经理，以及致力于从全局把握运维和优化网站的所有互联网从业人员。

◆ 著　　　郑 钢　贺亚涛　尤胜涛
责任编辑　张 涛
责任印制　焦志炜

◆ 人民邮电出版社出版发行　　北京市丰台区成寿寺路 11 号
邮编 100164　　电子邮件 315@ptpress.com.cn
网址 http://www.ptpress.com.cn
固安县铭成印刷有限公司印刷

◆ 开本：800×1000　1/16
印张：12.5　　　　2016 年 8 月第 1 版
字数：236 千字　　2024 年 7 月河北第 2 次印刷

定价：55.00 元

读者服务热线：(010)81055410　印装质量热线：(010)81055316
反盗版热线：(010)81055315

推荐序（一）

你很幸运能拿到这本书，更重要的是，你的公司老板也会很幸运。郑钢在这本书里深入而系统地分享了构建大型网站服务器容量规划技术的方方面面。从方法到思路，从需求分析到系统设计，涉及诸多算法原理和实现细节。通俗的语言，流畅的叙述，将枯燥复杂的技术原理娓娓道来。

我曾经在工作中和许多运维人员有过技术上的交流，在讨论到服务器容量规划的问题时，大家都会提到灾备冗余，需要根据流量负载，并发峰值综合考虑，然而当进一步探讨到服务器容量规划不凭经验估计，通过公式来计算量化时，就语焉不详，难以深入下去了。凭经验，不依靠监控系统及科学算法，无法给出准确的量化数据，这无疑会限制公司在大型并发网站下的运维能力。

这本书将为你提供运维高性能网站的服务器容量规划的完整解决方案。郑钢有着在百度运维大规模服务器集群的实际工作经验，他精通运维系统的技术和架构。当知道他将花时间著作一本网站服务器容量规划的书时，我不禁为许多运维人员感到高兴。据我所知第一次有像本书这样全面详细地阐述服务器容量规划。尤其是有关系统和核心模块的细节披露，都是来源于实际运维中总结出来的经验，没有这样的经历，你甚至很难想象系统会是啥样的结构。

不要犹豫了。当你拿起这本书，按照书中所分享的技术方案去实践时，你会发现，规划服务器容量就这么简单。我相信，越来越多的网站运维需要用到这方面的技术，掌握它并加以实践，你和你所服务的公司会获益良多。

联想/大数据平台技术总监　杨汇成

推荐序（二）

服务器容量规划对于互联网企业控制成本具有重大意义。本书从理论和实践上对此做了详细的阐述，指导运维人员不再单纯“凭经验+逐步尝试”来判断是否需要扩容，可以通过用回归分析等建立数学模型的方式，更加科学地量化服务器容量并制定解决方案。本书提出的方法具有普适性，对服务器容量规划以外的其他业务、其他方向也具有很好地启发作用和借鉴价值。

奇虎 360/政企云事业部经理　冯顾

服务器容量规划对于一个大型互联网公司来说是一项不可或缺的研究课题。一个合格的运维架构师必须对这些了如指掌，本书是较为难得的参考工具书之一

美丽说/运维架构师，前百度核心运维工程师　陆景玉

《大型网站服务器容量规划》是一本学习如何计算、如何预算业务服务所需服务器容量的科学性方法的指南，本书讲解了从科学理论到实践的整个过程，非常符合精细化运维的发展方向，是一本很好的书籍。

美丽说/高级系统工程师　要凯

容量规化是保障服务可用性的前提，它是任何 IT 企业都可能会面临的难题。本书通过对实际生产环境的解析来阐述容量规化的重要性，是一本理论结合实际的非常好的教科书之一，书的内容通俗易懂，让读者读起来容易，理解并应用起来也更容易。

百度/高级运维工程师　朱玉杰

有幸与郑钢共事一年有余，蒙郑钢悉心指点，于精神、技术、生活、健康等诸方面均有受益。今闻其又一新作问世，第一时间拜读后，收益良多。随着电商与互联网金融如雨后春笋般迅速发展，以及容器技术的不断普及，对线上资源的评估和利用已经成为

一个比较核心的技术，这个技术一直困扰着我，阅读本书后，我在这本书里找到了答案。不得不说，郑钢的书是一如既往地令人期待，特此推荐，谨望诸君阅读后皆有收获。

美图/底层工程师　徐阳

从上大学的时候认识郑钢到现在已经 7 年多了，每次和他聊天都受益匪浅，被钢哥对技术追求的工匠精神所折服，作为郑钢的朋友和忠实读者，真挚地向大家推荐这本书，因为你只需要一个月的时间认真研读，就可以学到郑钢几年的研究成果，真是物有所值。

金山云/高级技术经理　成志龙

我们经常说，“人无远虑，必有近忧”，服务器容量规划讲的就是“远虑”。作为运维人员，我们如何充分利用服务器的每一份资源来满足业务需求，如何在满足业务需求的前提下，更好地控制我们的成本，凸显服务器的价值，是尤为重要的。《大型网站服务器容量规划》这本书以深入浅出的讲解方式，让我们很容易理解其中的奥秘，通过阅读本书人人都可成为容量管理的高手。

Mobvista/运维总监　黄梦溪

服务器容量评估规划，是一个高级的运维管理课题，能够做好这个课题的运维团队和公司并不多。和郑刚在百度一别之后，有幸加入了嘀嘀打车，目前在一家潜力股的医疗大数据公司就职，希望和所有在创业公司拼搏的伙伴一起，从郑刚的书里学习服务器容量规划的技术，弥补缺漏的知识。

医渡云/运维负责人　孙楠松

前　　言

当今社会已经进入信息时代，人们足不出户，从网络上就可以获取自己需要的信息。为了满足正常的业务需求，任何一个网站都要有硬件支持，无论日访问量是一个百万级的中型网站还是上亿级的大型网站。为了正常响应用户请求，都必须提前规划好业务容量。互联网的快速发展使得网站的流量无法预估，因此，网站的运维人员必须随时监控流量，随时扩容以应对大流量带来的压力。目前业内容量规划的方法有以下几种。

一种方法是凭经验。根据以往的运维经验和目前系统的监控信息来判断是否需要扩容。这种方法明显的缺点是不可靠，即使是操作人员自己也会觉得没把握，一旦失误，造成的损失比较大。

另一种方法就是投入更多的硬件支持。足够冗余的硬件可以大幅度地提升服务的稳定性，但硬件的成本是很高的，不能通过无止境地硬件采购来保证服务质量。

以上的“凭经验”和“大量硬件投入”的方法暴露了这样一个问题：业内需要一套科学地容量规划策略，需要找到服务器容量量化的方法。为解决这个问题，本书给出了一种能够将服务器容量“量化”的方式。

将服务器容量“量化”的核心技术是资源监控与回归分析，因此，本书提出的容量管理系统是计算机资源监控系统与统计学的应用结合，将监控信息制作成样本数据、对其建模，找出访问量与资源消耗的公式是本书的中心思想。与一般的服务器容量监控系统不同，为了使样本数据精确匹配，在本书实现的监控系统中，有关访问量的监控信息必须和 CPU 的采样时间及采样周期吻合。

互联网公司是用计算机来支撑业务的，业务必然会消耗计算机中的资源，这些资源包括 CPU、内存、存储、网卡等。不同业务主要消耗的资源是不同的，存储型业务，如百度网盘，其主要业务就是存储用户的文件，计算机资源的度量就是存储空间；对于计算型业务，如游戏行业，其主要业务就是游戏引擎的计算，主要用 CPU 支撑；对于流量型业务，如优酷，它的主要业务就是通过网卡传输视频文件，主要就是消耗网卡及网络带宽。所以，可以用计算机的物理资源来衡量业务量。而无论哪种业务，都少不了 CPU

的消耗，因此，本书采用 CPU 利用率作为一般业务的度量，这对于其他方面的容量管理具有抛砖引玉的作用。

掌握了容量管理技术后，运维人员便能够掌握系统还可以再承载多少流量的压力、对于新增加了的流量需要添加多少台服务器、冗余机房是否可以承载全部流量、为节省公司资源应当下架多少台服务器，以及待上线的项目是否会给线上服务带来压力等，过去凭经验完成的工作将变得可“量化”，这样会使运维工作更加透明和科学。

最后，感谢我的家人对我的支持和理解，感谢我的女友王小兔（我对女友的爱称）对我的照顾，在今后的日子里我会更加努力来回报你对我的关心。

本书读者答疑 QQ 群为 117613587，本书编辑联系邮箱为 zhangtao@ptpress.com.cn。

目 录

第 1 章　容 量 概 述

1.1　容量规划背景

如今人们已经习惯从互联网上获取信息，因此，几乎任何一家公司都要有自己的网站。引入了一个新的事物后，必然会随之带来新的问题。网站是放在服务器上的，一般来说网站的访问量越大，服务器的压力就越大。为保证网站的正常运营，网站的运维人员有必要了解当前系统是否工作正常、系统的处理能力是否接近极限，以及需要新增多少台服务器来承载新增的压力。作为一名合格的运维工程师，对于以上这些必须要做到心中有数。

一般的公司在网站扩容方面都是采用“凭经验+逐步尝试”的方法，这样通过逐渐逼近的方式得到系统的极限承载量。再专业一点的公司，会让运维人员搭建一套线下的测试环境，测试人员先在线下对各种关键 URL 做测试，通过分析测试报告找到系统的极限值。这种方法只能得出个大概值，因为真实的压力取决于用户的行为和当时的代码运行情况。

第三种方法是在线切换流量，也就是将一部分流量导入到某些服务器上，观察日志，直到出现报错为止，然后再将流量切换回到其他机器结点上，这种方法能够得到最真实的系统压力，但毕竟牺牲了部分用户体验。

以上 3 种方法的共性都是单次有效，下次换了新的代码环境还要重新手工测试。除了以上的方法外，还可以利用一些系统命令做监控，每天做出容量报表，通过查看报表运维人员便监控到系统的实时压力及实时容量，当逼近根据经验判断的压力上限时，发出报警，提醒扩容。还有的公司是利用监控系统，找到半个月内的系统最大流量作为未来短期内的流量预估，基本上也是靠经验。

上述方法都不能正确地得到系统所能正常承载的极限压力，总的来说都是依靠经验或牺牲用户体验为代价。本章讲解的内容是将系统的极限压力量化为具体的数据，进行更为准确的容量规划。

1.2 容量研究的意义

容量管理的基本目标有两个，一是使运维人员了解系统的承载力，二是以合理的硬件成本来满足业务需求。减少成本是企业生存的刚性需求，技术人员同样有责任在技术层面上帮助公司节约成本。在软件方面，开发人员通过改进程序算法来提升系统的工作效率；在硬件方面，运维人员除了规划服务架构，还要根据业务类型定制专用的服务器，有针对性地提升系统性能。无论在硬件还是软件方面，都是在原有服务的规模下通过提升性能来减少硬件成本。除了以上两个方面，还可以通过硬件容量规划的方式进行最直接的成本控制，容量管理一方面是节约硬件成本，另一方面节约了人力成本。

为方便陈述，我们这里所说的容量管理是指服务器容量管理。容量管理主要用于评估各集群模块在当前及未来流量下的利用率，让系统容量"可见"。

模块的性能表现和实际运行的指令息息相关，并不是一次测试便能适用所有类型的代码环境，因此，当有新项目上线或在原有基础上扩容时，较安全的做法是，需要重新评估机器性能用以考量服务的稳定性。容量管理可以量化服务的稳定性，测试人员可以专注于业务本身的测试工作，无须再做稳定性测试。

技术人员还要负责硬件成本预算的工作，在提交预算时要反复权衡服务成本与稳定性。对于预算中的刚性需求，技术人员必须提供充分的理由予以支持，需要一套有效的数据作为预算的依据。有了容量管理系统，任何时候都可以用数据说话，系统需要多少台机器不是技术人员决定的，而是由业务流量决定，这样就为技术人员分担了预算压力，使他们能够更加专心地投入工作。

1.3 容量研究的目标

目标是实现单入口流量预估，具体包括以下内容。

（1）判断现有系统规模还可以再承载多少流量。

大家应该有这样的经验，一到假期，大家花费在网络上的时间会很多，也许会发现网站的响应有可能会变慢。对于网站来说，假期的流量比一般时候的流量要大，因此，在节假日的流量会有所上涨。我们可以估计出新的流量来判断现有的系统是否可承受。

（2）对于新增的流量，采购设备时给予指导，花最少的钱办同样的事。

公司一般会在每个季度做一次预算，因此，要提供一套理论公式支持部门的预算申请。对于运维部门来说，就要用数据来说话了，提供容量公式是最好的证明。

（3）流量切换时可以量化。

为了保证服务稳定，通常会提供双机热备，有时保险起见，会提供多余的一套设备。或者为了提速，提供的服务会划分为多个冗余系统，当某个机房的服务出现问题时，为保证正常服务，需要将流量切换到另一个机房。切换多少流量过去呢？这时候容量系统就派上用场了，为了不至于“压垮”另一个机房的系统，需要事先知道另一个机房的系统容量还有多少空余。

（4）优化服务规模。

产品服务中的机器数未必是最优的，容量管理可以根据访问量和指定的容量利用率，自动计算出需要的机器规模。

以上几点是容量规划要实现的目标，后面将逐步介绍。

第 2 章　容量规划简介

2.1　什么是容量

容量意指容量规划，从经济学到工程领域都有其应用，容量规划听起来是个高大上的概念，本质来说，其实就是资源利用率的管理，一个较典型的例子就是容器，例如我们是用水杯来接水喝，水杯总是有一个最大容量，我们所接的水肯定都在杯子容量之内，超过这个容量水就会溢出，这个道理还是很易懂的。其实在接水这个动作发出之前，我们通过观察就已经知道了杯子的最大容量是多少，所接的水必然会控制在杯子容量之内，如果一个杯子容量不够，口渴的同学可能会选择更大的杯子或者同时用两个杯子。因为这是潜意识里的行为，尽管你可能没有注意到，其实这就是在做容量规划。说到这我猜你也看出来了，容量规划的前提是，只有在事先知道系统可承载的最大压力的情况下才能做好流量控制和容器分配。杯子的容量是很直观的，我们在接水之初已经掌握了其容量大小，因此，可以方便地控制接水的流量和速度，然而很多抽象的容器其容量并不直观，因此，容量规划就是针对不容易测量容量的容器，通过一系列方法找到其最大容量，在此基础之上再做更细粒度的规划管理。

容量是指一个系统可处理容纳的最大能力，这个能力可以简单理解为访问量，即流量。如某个网站正常情况下可承载的流量是 8000 万 PV，超过了这个流量，用户请求的处理将受到影响，如响应变慢，或者干脆返回空白页。因此，8000 万 PV 的访问量便是这个网站的容量。可见，网站的容量规划极其重要，如果因为容量不足而影响网站业务的话，对于互联网公司来说，给公司带来的损失很可能是很惨重的。对于一个公司来说，服务运维是保证业务稳定的核心，规划好服务的容量是保证业务稳定的前提。

容量规划和性能优化是两个经常被混淆的概念，它们相互影响，但却是有着不同的目标。性能优化是最大限度地提升系统的性能，比如对内核参数、模块参数的调优，不过调优提升的性能有限，在起初调优的作用是非常明显的，到后来基本上就到了极限，已无潜力可挖。而容量规划是想找出相应服务质量对应的硬件规模，与硬件是否调优关系不大，因为在调优前后，这两种状态下相应的容量也是不同的。比如在调优之前，系统可承载的最大流量相对较小，调优之后，系统可承载的最大流量就增多了，不过这对容量来说不重要，容量与调优并不冲突，它们是两码事。总之容量规划并不是性能优化，它们虽然相互影响，但却有着不同的目标。性能优化是最大限度地提升系统的性能，而容量规划是在成本和性能之间找到平衡点。

对真实系统压力的测量比任何经验估算都靠谱，我们应该以实际容量的观测数据来驱动未来容量的预测，而不是简单通过极限测试等方法来模拟。如果没有找到测量系统容量的方法，则不能科学地对系统进行容量规划，而只能根据业务类型、经验去猜测，这种情况则仁者见仁智者见智。

2.2 服务器容量规划的源由

为什么要做容量规划呢？当资源涉及的成本变得非常可观时，势必就需要容量规划，谁也不愿意花冤枉钱。

做运维工作的读者都应该了解 SLA（Service-Level Agreement），即服务等级协议，这是关于网络服务供应商和客户间的一份协议，其中定义了服务类型、服务质量和客户付款等术语。可能我们不那么关注这份协议的细节，但我们最了解的是 SLA 中的“几个 9”，如表 2.1 所示。

表 2.1　　SLA

SLA 等级	一年内宕机时间
90%	36 天 12 小时
99%	87 天 36 小时
99.9%	8 小时 45 分钟 36 秒
99.99%	52 分钟 33 秒

续表

SLA 等级	一年内宕机时间
99.999%	5 分钟 15 秒
99.9999%	32 秒

根据产品线的重要程度，公司会将不同产品线划分成多种级别，每种级别产品线的 SLA 也是不同的。如一级产品线的 SLA 可能是 99.999%，二级产品线可能是 99.99%，为保障产品线的稳定，各产品线的项目经理给每个运维人员都制定了关键绩效指标，即 KPI（Key Performance Indicator）。运维人员都清楚，保证产品的服务稳定是我们的职责，即使不签 KPI 我们也会竭尽全力地投入到工作中（尽管完不成 KPI 的话可要扣工资的），所以，运维人员对服务的稳定性特别敏感，但凡会让服务不稳定的因素，运维人员都会将其排除，如下架服务器。

通常，为了业务的稳定，大多数公司在硬件，如服务器方面的投入都是过饱的，认为机器越多，服务越稳定，宁可闲着不用也要确保业务不受损。因此，空闲着很多机器资源，所以很多时候，大公司的运维部发愁的是机器该如何使用。

一般情况下，公司服务器的总体资源利用率长期处在较低水平，CPU 利用率都在 20% 左右，总的来看，我们有大量的计算资源和存储资源闲置，造成巨大浪费，这也直接导致我们的服务成本偏高。所以，提供同样质量的服务，我们可以减少一些服务器，以更低的成本来实现。

各部门都有自己的理由，公司财政方面又很有压力，于是需要在成本和服务稳定性方面找个平衡点，要花更少的钱提供同样稳定的服务，于是容量管理项目就浮出水面。

想想为什么运维人员会拼命把机器留住呢？无非是担心机器资源减少后会导致服务不稳定，如果给运维人员提供一套容量规划的方法，让容量“可见”，让运维人员对服务质量放心，那么下架机器就不会那么为难了。

总的来说，容量管理系统对于提高资源利用率，降低服务成本有着可观的经济效益。

2.3 容量规划的对象

容量可以指任何系统的资源利用率，本人结合工作内容，论述服务器硬件方面容量管理。

无论您公司是什么业务，只要业务是用计算机来承载，必然可以用计算机的物理资源消耗量作为业务量的度量，这体现在处理器、硬盘、内存、网卡、网络链接数等方面。业务量与计算机资源消耗量整体上是呈正比的。

在做容量规划之前，要清楚自己的业务是何种类型，这取决于业务主要消耗了计算机中的哪些资源，容量规划必须要结合业务类型。

根据不同的业务类型，从大体上可以分为。

1. 计算密集型的业务

计算主要消耗的是 CPU 资源，因此，计算密集型也称为 CPU bound，业务处理过程中主要用到了 CPU 资源，CPU 使用率随着业务的繁忙变化而同步变化，此类业务中对处理器的要求非常高，CPU 通常都是 16 核，甚至是 24 核以上服务器，即使是这样的配置，在计算密集型业务中也经常会出现所有 CPU 核心全部占用的情况。尽管没有纯粹消耗 CPU 资源的业务，其他资源像磁盘 IO、网卡等或多或少都要有所涉及，但它们相对较少，可以在一瞬间完成，因此可以忽略。

2. I/O 密集型的存储业务，这包括出入网卡的流量

I/O 密集型也称为 I/O bound，是指业务处理过程中，主要使用的是 I/O 资源，比如硬盘读写、用网卡的上传和下载，因此 CPU 利用率不高，即使处理业务的最繁忙时段，CPU 负载也很低。

3. 数据密集型业务

数据密集型业务也称为 DataIntensive，主要体现在大数据应用中，比如著名的搜索引擎就是从海量数据中找到有用信息，通常这类业务非常占用内存资源。缓存也是数据密集型业务，如 squid、varnish，典型的应用就是 cdn，cdn 本质上就是个 cache，它将请求的结果缓存到内存中，避免将请求转发到源站。

以上是典型的 3 种业务，没有某个业务纯粹属于某种类型，因此，容量规划的对象也是以这 3 个特征为代表，找出业务主要的特征类型，针对此类型进行规划工作。

2.4 容量管理的目标与收益

虽然我们在 QA 那里能够获取到各应用模块的性能数据，但在新项目上线或原有基础上扩容时，仍然需要每次重复评估服务稳定性，这说明我们在平时的工作中对服务系统的容量没有很直观的认识，对系统资源的可用率，我们需要量化。

为了让大家更直观地看到系统的已用率及剩余可用率，在此展开容量管理相关的工作。容量管理的主要目标用于评估各集群模块当前及未来某流量下的容量状态。

为方便陈述，我们这里所说的容量管理是指服务器容量管理。

容量管理的基本目标是以合理的硬件成本满足业务需求。其实我们平时所做的很多工作都是在完成这一目标，比如开发人员改进程序算法，提升处理能力。运维人员根据业务类型，定制专用的服务器。而我们的容量管理，从表面上看是在管理服务器，其实容量管理一方面是节约硬件成本，另一方面节约了人力成本。

每季度在做预算时，这是公司全体技术人员头痛的时候，虽说服务器运维和开发人员关系不大，但按照以前的做法，运维人员需要向开发人员索取申请机器的理由，开发人员就要自圆其说地给出一套理由，而运维人员根据申请的机器数又要酌情删减，这样才好向上面交待，大家都是走个“形式”。有了容量管理系统，我们可以用数据说话，要多少机器不是我们说了算，是业务“说”了算，这样就可以使技术人员更加专心地投入工作。

容量管理还可以节约人力，这体现在服务扩容方面。扩容就是在集群中增加结点，就意味着包括以下工作：

（1）服务环境部署；

（2）关联模块配置；

（3）同步定时任务；

（4）向数据中心注册；

（5）向操作中心注册；

（6）对内部系统的权限申请；

（7）代码同步；

（8）数据同步；

（9）开启服务；

（10）qa 回归测试；

（11）应用上线。

以上仅是增加一台结点时所做的基本工作，而且其中每一个环节都不能出错。另外，向内部系统申请权限是要花时间成本的，通常需要一两天的时间，这就意味着，为了应急突发事件引起的扩容，需要提前准备一些已申请权限的机器在备机池中，听上去就感觉好累，这些都是运维人员的工作。

为减少盲目扩容时付出的人力成本，提前知道目前的系统还能支撑多久。比如在节假日时流量会增长，为保证服务稳定，只好按经验添加机器。

机房由于物理原因可能导致不可用时，用户将无法访问到服务。例如用户在访问某网站时，突然该网站所在的机房出现了问题，不管是运营商的问题还是机房建设的问题，总之，为保证用户的业务访问，必须将流量切换到其他机房或运营商上运行，这在之前，为了避免压垮对方机房的服务器，都是一点一点尝试做的，如先切换 5%的流量，观察一会后，没有问题，再切换 10%的流量，之后再胆大点，切换 20%的流量，这种循序渐进的切换方式，必然也会造成用户的请求失败，如果涉及金钱交易，对公司的损失想必是非常大的。有了容量系统，我们知道对方机房的容量后，这样便可一次性地把流量切换过去。

另外，当系统服务过于冗余时，为了节省资源，我们通常要在集群中下架一些服务器，这通常不是下架一两台，少则十几台，多则几十台。下架机器并不是简单地把服务器关掉就行了，需要在上下游通过各种配置，把下架的机器屏蔽掉，保证没有流量才行。这通常牵扯到上游服务，也需要申请，所以，下架服务器既需要人工成本，也需要时间成本。万一机器被下架的太多，可能随时重新扩容。有了容量管理系统，该下架多少台机器是通过计算得出的，没有人工干涉，可以让运维人员更踏实。

最另人欣喜的是，容量规划还可以帮我们找出模块最大可正常处理的请求数。

模块一般都有配置文件，就拿 PHP 来说，其配置文件 php-fpm.conf 中配置了 PHP 进程可处理的最大并发数，每个请求的最大执行时间等。之所以可以这样配置，原因是 PHP 内部都有个“仲裁器”，由它来控制管理处理的请求，当请求超时时，它会将请求“杀掉”。显然，这部分被“杀掉”的请求已不属于被正常处理的，容量规划可以找到正常处理请求数的最大值。

总结，容量管理系统给我们带来的收益如下。

（1）科学地评估系统所用的资源是否合理。

（2）科学地预测未来资源的增长，并进行合理的预算采购。

（3）运维人员以科学的方法对资源进行有效管理，这包括优化集群中结点机器数量，预知服务可承载的最大压力，预知系统何时性能燃尽等。

第 3 章　容量规划的常用方法

3.1　通过监控规划容量

任何一家互联网公司都会有自己的运维系统，在运维系统之中，重中之重的是监控系统。

监控的方法有很多，最简单的就是利用一些系统命令，如用 df 命令来查看磁盘使用率，然后每天出报表，通过查看报表运维人员便监控到系统压力及容量，当逼近系统压力上限时，发出报警，提醒扩容。

但这种方法不能作为主要的监控手段，仅用来做辅助监控之用，毕竟监控是为了实时了解系统的状态。这方面都是用监控系统来完成，目前开源的监控系统有很多，如 cacti、zabbix 等，大多数监控系统都是以图表方式展示监控指标，如图 3.1 所示。

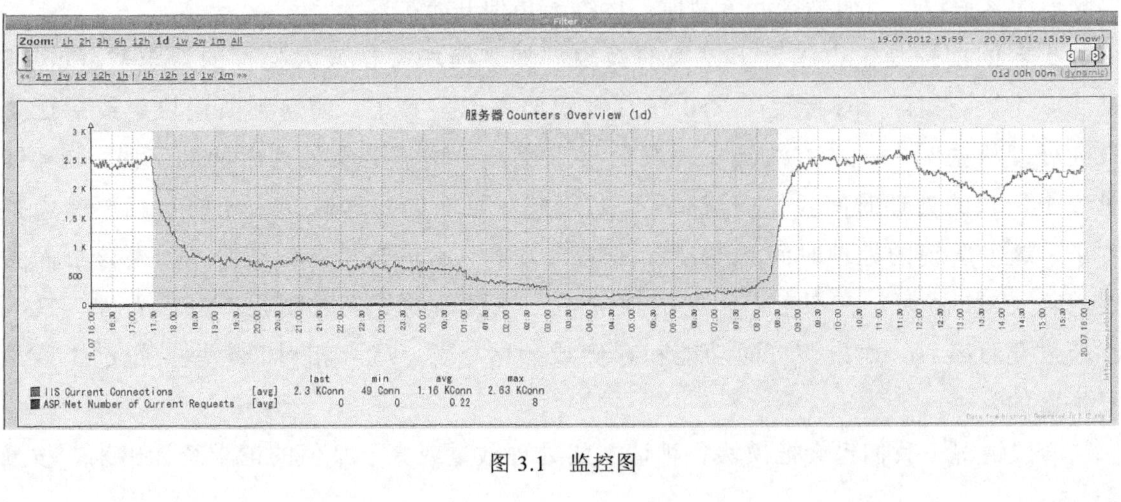

图 3.1　监控图

大多数监控系统都是基于 SNMP（Simple Network Management Protocol），即简单网络管理协议。SNMP 是度量性能指标的通用标准，大部分网络设备和服务器设备都支持该协议，因此，我们的监控系统才能通过该协议获取到设备的监控指标。既然是“简单”网络管理协议（其实 SNMP 一点都不简单），这说明仅凭 SNMP 的话还是不能满足所有监控需求，因此，这些监控系统也支持自定义采集程序。

扩展一下，如果公司业务比较复杂，一般的开源监控系统无法满足需求的话，公司会开发出适合的监控系统。这通常是为满足自定义监控，自定义的监控一般包括。

（1）日志监控，从日志文件中匹配出关键字，统计相应的个数，比如统计状态码的个数，或者处理时间大于一定时间的个数。

（2）端口监控，探测端口是否存活，一般用来判断 Server 程序是否“健在”，但不是很可靠，有时候 Server 端口还占据着但已经无响应了，此时端口监控依然表示正常。

（3）语义监控，这种就相对可靠多了，它是模拟客户端向 Server 发送请求，然后 Server 给予响应的方式来监控。

（4）结构体监控，这种监控要与特定进程绑定到一起才行得通，也就是那个被监控的模块会处理这种结构体。

除此之外，还可以通过模拟用户单击的方式来监控，也就是模拟用户行为，这是最真实的监控，效果最好，但由于此类模拟程序是要捕捉网页中的 dom 标签元素，因此，只要网页改变，监控就要重新写，比较麻烦。

回到正题，在监控系统中我们都会设置报警阈值，在监控图中我们都会看到逼近报警阈值的紧迫程度。如果接近了阈值，运维人员便开始扩容。

扩容的前提是压力趋近于模块的极限，如某模块每秒最大处理的请求数（qps）是 300 个，当实际 qps 接近于 250 左右时就要考虑扩容了。如何判断模块已经接近了最大处理极限呢？一种方法是在程序的日志文件中增加请求处理时间的字段，这样针对每个请求的处理时间我们便清楚了，如果任何页面的处理时间太长的话就要考虑扩容了。这里所说的处理时间长度没有固定的大小，还是要和业务结合，如果该页面主要消耗 CPU 资源，在不考虑阻塞的情况下，该页面的处理时间就不应该太大，最大不超过几百毫秒，如果该页面功能和存储或外网相关，就会相对长一些，超过 1 秒是很正常的。

一般情况下我们也会把模块各种请求的处理数量或大于某值的请求统计出来，按分钟或更小的时间粒度在监控系统中绘图。如图 3.2 的 MySQL 的增、删、改、查和慢查询监控图所示。

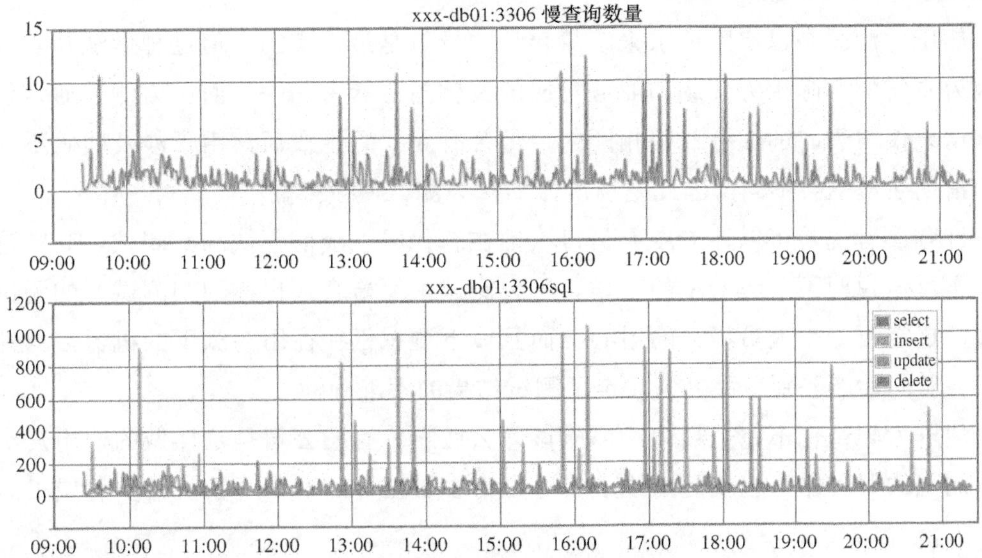

图 3.2 MySQL 一般监控

除此之外，大多数模块都会有请求超时的设置，例如某模块设置了请求的最大处理时间是 30 秒，超过 30 秒的请求会在日志中写入报错信息，一般会有 warning、error 或 fatal 等关键字，我们可以在监控日志中匹配这些关键字来统计单位时间内因超时而报错的请求数，当达到某个极限值时就表示离扩容不远了。

为了将监控可视化，通常情况下也会把这类日志监控添加到监控系统中，同样，如果监控系统不支持这类监控的话，我们可以自己写监控程序，然后自己输出图像。一般开发语言中都有现成的图形函数可以调用，或者使用第三方工具，如可以利用 rrdtool 或者前端图形库 highcharts、amcharts 等。

3.2 通过压力测试规划容量

为了获得系统的容量，专业一点的公司都会让运维人员搭建一套线下的测试环境，让 QA 在线下测试，通过压力测试并结合监控来找出系统的极限值。最常见的压力测试工具有 ab（Apache Bench）和 Jmeter，它们是 Apache 项目提供的，可以在 Apache 官网中找到，还有 LoadRunner 也很不错。

虽然压力测试是以实际请求来度量容量，看似是最真实的，但这种做法其实并不准确，因为系统的实际压力负载和业务对应的具体指令紧密相关，而压力测试通常仅做一次，其结果仅与当时的业务代码相匹配，但凡有新代码上线后，由于涉及代码不同，其对应的指令通常也会不同，因此之前所做的压力测试便被推翻了。

也许有读者说，可以让 QA 人员每次都在新代码上线前都做回归测试。其实这一点并不靠谱，这说明不了解 QA 的工作。压力测试中要检查（也称回归测试）的测试用例非常多，这需要 QA 人员极大的耐心，而且线下测试机往往用淘汰下的机器，其性能与线上服务器的性能差别很大，这注定了测试结果的不准确性。

既然压力测试也不完全靠谱，那应该怎么做呢？有的公司是这样做的，用真实流量导向待测试的服务器，也就是用线上实际压力去做压力测试，观察机器负载或日志，直到出错为止。

如果集群中原本有 10 台服务器，先去掉其中的 4 台服务器，只让剩下的 6 台服务器提供服务，测试人员通过观察机器压力负载或日志中输出的信息等手段来判定服务的稳定性。如果服务正常的话，继续从集群中下掉一些服务器，直到服务器压力越来越大，线上业务报错为止。毋容置疑，这肯定是最真实的测试结果。当然这需要魄力，哈哈……反正我不敢，无论业务是多么不重要，也不能牺牲用户体验来测试极限容量。

3.3 其他容量规划方法

1. 通过经验预估容量

利用监控系统，找到近期内的最大流量作为未来短期内的流量预估，如果在当时的流量压力下系统运行正常的话，可以使之作为新的容量参考。可以将半个月内的最大流量峰值作为未来一个月内的平均流量，如果该峰值下系统工作正常，这通常表明未来一个月内是不需要扩容的。

2. 按比例扩充

还有一种估算的方法是，按照原有系统的负载情况按比例扩充，当然这全是假设在理想的线性情况下。

如果目前流量是每天 1200 万 PV，各子系统的平均容量是 40%，一般情况下为了系统稳定都不会把容量用尽（100%），都会预留 20%左右的 buffer，因此，认为 80%便是极限利用率了。80%减去 40%后还剩下 40%，也就是说目前系统还能承受一倍的流量，也就是 2400 万 PV 算是极限了。要是预估新的流量压力是十倍的话，至少将原有系统的规模扩充为现在的 5 倍。

其实以上容量规划都是采用“凭经验+逐步尝试”的方法，这样通过逐渐逼近的方式得到系统的极限承载量，总之经验的成分还是要大一些，下节介绍一些科学的方法。

3.4 通过回归方程规划容量

回归方程是统计学里面的知识，是一种应用数学，通常属于数学专业同学研究的方向，运维人员很少用这种方法评估系统容量。下面花点时间引出回归方程在服务器容量规划中的应用，这也是本书介绍的重点。

容量规划的关键就是找出系统可承载的最大压力，然后根据极限压力再做部署规划，话说的容易，其实这往往是最困难的部分，因为它不像杯子那种容器，其容量是很直观的、可以提前确定。而服务器的性能是不好估量的，看不到摸不着，其容量只能通过实际测试才能得到。再说，我们所运维的系统可是由数以千计的机器组成的，这么多机器对系统的容量都起到决定性的作用，而且大多数情况下各个机器的性能是不一致的，一台机器的容量数据不能作为其他机器的标准，总之各服务器都有自己的极限容量。就像电池一样，有的电池容量较大，2600 毫安，有的容量较小，2000 毫安，因此，它们各自的续航时间是不同的。

容量评估就是用现在的数据预估未来的变化，用什么方法来预估呢？在正式回答之前，咱们还是用数据说话，先看几张监控图，也许大家就明白是怎么回事了，如图 3.3 所示。

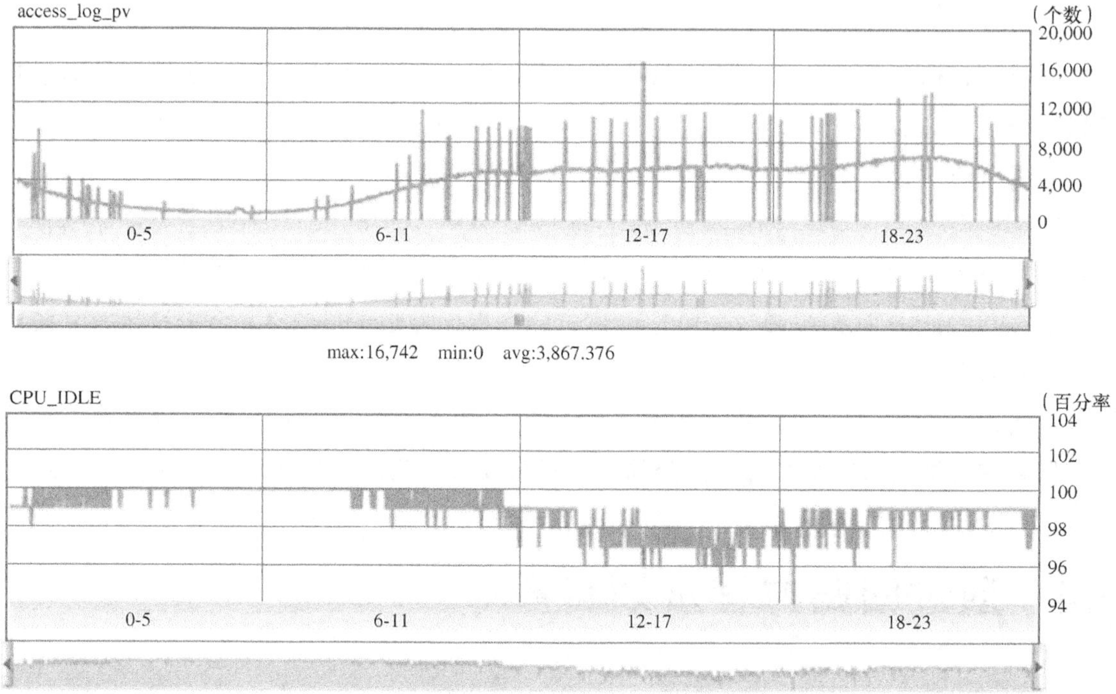

图 3.3 网站入口流量与整体 CPU 使用率对比

图 3.3 中显示的是流量与整体 cpu_idle 之间的关系，上面的 access_log_pv 是每分钟的访问日志，下面的 cpu_idle 是每分钟的 cpu_idle，大体趋势上这两张图是对称的，这两张图表明：访问量越大，CPU 利用率就越高。其实不说大家也会这么想，访问量越大，相应的 CPU 使用率当然就越高了。其实这是在正常时的情况，在某些情况下，访问量越大，CPU 使用率越低，您信不？后面我们再讲。

下面再看图 3.4，这是流量与流量之间的对比，注意并不是流量与 CPU 利用率。

一般的网站都会有前端模块和后端模块，前端模块则是实际的流量访问入口，图 3.4 中的下图 lighttped_log 是入口模块的访问日志，上面的图 front_ms_log 则是后端模块的访问日志，这两个日志的时间统计粒度是一样的，都是每分钟内的访问量。front_ms_log 每分钟是 15 个左右，lighttped_log 大概是每分钟 1000 个，虽然这两个日志数量级差别很大，但它们在总体上的趋势是一样的，front_ms_log 随 lighttpd_log 的变化趋势而变化，因此，这两张图中的曲线依然相似。

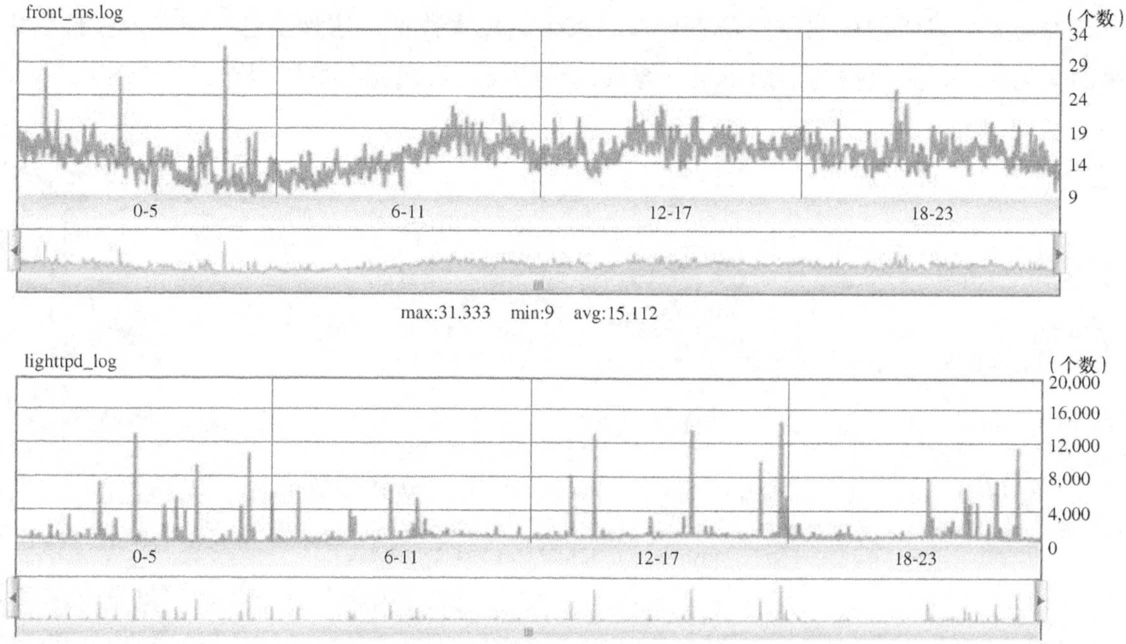

图 3.4 入口流量与后端流量对比

以上的两张大图虽然一定程度上说明了问题，但似乎还不够明显，毕竟它们展现的是入口流量与整体 CPU 的关系或前后端模块的流量关系，也就是监控粒度是整体。下面再看图 3.5，这里的监控粒度是模块，也就是某个 Server，如 nginx。

图 3.5 中，front_ms.log 是 php-cgi 的日志，php-cgi_proc_CPU 是 php-cgi 的使用率，从图 3.5 上看这两者的关系确实明朗了很多，几乎完全是一样的趋势。这是模块 pv 与模块消耗的 CPU 对比，针对的是模块。另外说明一下，由于系统中任何一个模块的 CPU 使用率、或者整机的 CPU 利用都是由其流量驱动的，入口流量又以一定的比例分流到后端，因此，几乎是系统内的任意流量都与系统内的任意模块 CPU 利用率之间保持某种关系，简而言之，未必是模块自身的流量与模块自身的 CPU 利用率之间才呈现关联关系，也许只是这种关联关系比较明显而已。有关这一点可以通过监控图来验证，把所有机器、模块的流量和 CPU 监控放到一起对比，会发现趋势线是类似的。

从上面 3 个大图来看，这些流量都是相关的，即保持某种依赖关系，流量越大，CPU 消耗、后端流量等都跟着增加，如果把这一关系用函数 $y = f(x)$来表示的话，其中的 x 表示流量，y 便是 CPU 消耗或者后端流量等相关的因素，找出 x 与 y 的关系就是容量规划设计的思想。以上图中的监控信息可以用来生成样本数据，这种由已知的样本去预估未来的变化趋势，是典型的回归应用，容量规划的核心思想就是曲线拟合。

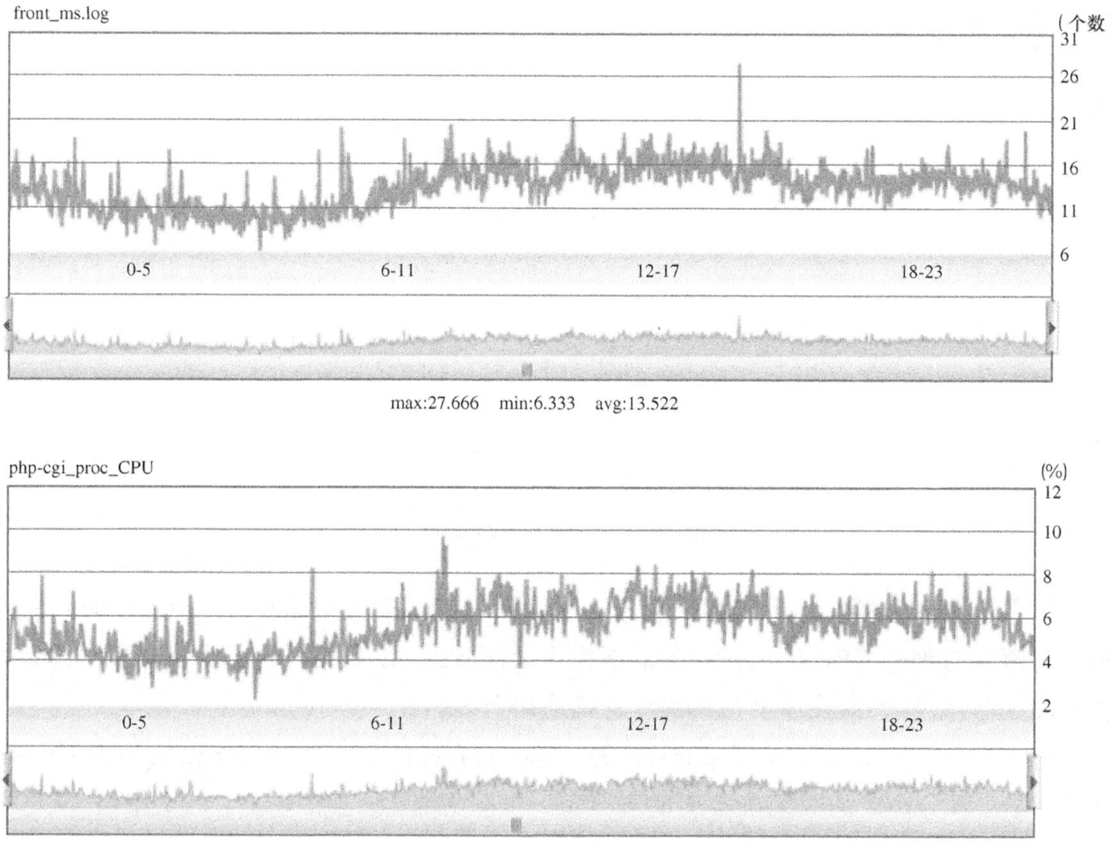

图 3.5 模块 pv 与模块消耗的 CPU 对比

第 4 章　回归分析简介

回归分析属于统计学的分支，而且它还分了很多方向，任何一方向都可以单独成书。本章对回归分析做个简述，更深入的内容还需要读者参考专门的书籍。

4.1　为什么称为“回归”

回归分析属于统计学，“回归”一词是由英国统计学家费朗西斯·高尔顿提出的，他一生致力于研究遗传学，他发现父母身高比较高的话，孩子的身高往往也比较高，父母矮的话，孩子也会矮，总之父母的身高对孩子的身高影响最大。尽管有这种影响，但孩子的身高却始终趋近于总人口的平均身高，也就是说，身高特别高的父母，其孩子们的平均身高却不是特殊高，但是在同龄人中依然是高个儿。总的来说，高个孩子的平均身高趋近于总人口的平均身高，其平均身高的发展就像被某种外力拉着，始终围绕总人口的平均身高分布，其变化规律始终要回到、归入这种平均的身高走势，因此，这种趋近于某个值的趋势就称为回归。如果对回归这词没理解，可以想像一下，人类身高未出现高的真高，矮的真矮这种两级分化，原因就是人类的身高有着向某个平均值靠拢的趋势，这就是身高的回归性。

我们把父母的身高比做自变量 x，孩子的身高比做因变量 y，y 的值是受 x 驱动的，找出 x 与 y 之间的关系就称为回归分析，这个关系就是一个数学公式，通过这个公式，我们可以用父母的身高来预测孩子的身高。当年高尔顿得出了父母身高与孩子身高的公式：$y=0.516x-33.73$，这是通过观察 1078 对夫妇及他们孩子的身高样本得出的，可见回归分析是要基于大量样本的，需要从大量样本数据中找出发展规律，然后用此规律去预估未知的量，因此样本越多，预估越准确。通过这个公式来看，由于 x 前的系数 0.516 大约是 1 的一半，x 增加 1，y 只会增加一半左右；x 减少 1，y 只减少一半。因此对于父母来说，其身高每增加 1 个单位，孩子的身高只会增加半个单位，每减少 1 个单位，孩子的身高只会减少半个单位。这就是人类身高未出现两级分化的规律总结。

其中父母的身高 x 是自变量，孩子的身高 y 是因变量，y 的取值依赖于 x，这两种有依赖关系的变量才可以运用回归分析，如孩子长高，家门口的树也长高，但孩子和树就没有直接的关系，就不能运用回归分析，明确有依赖关系的变量才是能够进行回归分析的前提。

从统计分析应用来看，回归分析是研究一个或多个自变量对另一个因变量的依赖关系，这是多对一的关系，目的是通过已知数据来预估未来未知的变化量。

4.2　回归方程的多样性

数学家高斯提出了最小二乘法后，回归分析的应用才开始广泛起来，据统计，在历届的诺贝尔经济学奖获得者中，大多数都是统计学家、数学家、计量经济学家，而回归分析在他们的成果中的作用占有很大比重。不光是这些诺贝尔奖获得者，就连技术研究人员，甚至一些学生论文都要采用回归分析作为他们的论据，可见回归分析的重要性，而且毫不夸张的是，如果研究课题中不包含用数据做回归分析的话，甚至觉得论点没有信服力、课题没份量。

回归分析大体上分为两大类：线性回归和非线性回归。线性回归就是变量之间的变化趋势呈线性（直线）发展的模型，那么非线性回归分析就是变量之间的变化呈非线性（曲线）发展，这两种回归模型称为经典回归模型。

线性回归是最简单的形式了，就拿前面的父母身高与孩子身高的公式来说，这就是典型的 y=kx+b 形式的线性方程。最小二乘法主要用武之地就是线性回归，我们可以通过最小二乘法来获得这条公式。在经典回归模型的研究中，首先认为变量之间呈线性关系，然后在对变量及干扰项假设的情况下进行参数估计。随着回归应用的广泛兴起，人们发现利用最小二乘法得到的估算参数并不能满足所有情况，尤其是对那些基本假设的回归模型。统计学家在这方面做出了很多改进，如提出了岭估计、偏最小二乘法估计等方法。

在现实中应该是大部分问题都不是能用线性回归来解决的，尽管有些问题可以用线性方程来近似处理，但大多数情况下，还是用非线性方程来处理较合适。很多非线性方程都是由线性方程推广来的，因此，很多非线性方程可以转换为线性方程，然后套用线性方程的解法。

理论是为解决现实问题而不断发展的，回归分析的研究方法也在与时俱进，比如经验贝叶斯估计方法等。总之，随着回归应用领域的不断扩展及自身技术的不断完善，回归分析在统计学中的份量越来越重要，其形式越来越多样，涉及面越发广泛本书只介绍用回归思想来解决服务器容量管理，仅是提供一个思路，容量管理还是非常复杂的，其主要就是在建模方法中体现，读者还是要多下功夫。

回归的基本类型。

回归分析研究的是多个存在相关关系的对象组成的客观系统。它是建立在对客观事物进行大量试验、观察以及调研的基础上，找出变量间相互关系的密切程度、数量依存关系，用以找出关系不确定的表象之下的统计规律的方法。

1. 按照自变量和因变量的关系划分

按照自变量与因变量的依赖形式，可以把回归分析划分为线性回归与非线性回归。按照自变量的数量，可以把回归分析划分为一元回归和多元回归。如果回归中的因变量和自变量各是一个，并且是线性关系，这就是一元线性回归。如果自变量是多个，因变量是一个，并且是非线性关系，这就是多元非线性回归。如果自变量和因变量都是多个，这就属于多方程回归了。具体分类如表 4.1 所列。

表 4.1　　回归模型分类 a

回归模型形式	自变量和因变量数量	回 归 类 型
线性回归	一个自变量和一个因变量	一元线性回归
	多个自变量和一个因变量	多元线性回归
	多个自变量和多个因变量	多方程回归
非线性回归	一个自变量和一个因变量	一元非线性回归
	多个自变量和一个因变量	多元非线性回归
	一个自变量和一个因变量	分段回归

2．按照变量的性质与类型划分，这部分咱们不多说了，大家了解一下就行，具体形式见表 4.2。

表 4.2 回归模型分类 b

回 归 类 型	变量的类型与性质
方差分析	所有自变量均为定性变量
协方差分析	部分自变量为定性变量，另一部分为定量变量
逻辑斯谛回归	因变量为定性变量

4.3 回归分析的基本步骤

回归分析的核心是利用现有数据对未来数据的预估，预估结果的正确与否必须要经过验证，验证通过之后才能用于生产环境的容量预估，因此，回归分析大致可分为以下几个阶段：

（1）构建理论模型；

（2）收集样本数据；

（3）参数估计与模型建立；

（4）模型校验；

（5）模型的应用。

回归分析流程如图 4.1 所示。

下面就这 5 个方面介绍。

1．构建理论模型

数据分析的难点在于建模。模型若建错了，后面的工作就白做了。任何智能的工具都无法代替人脑，因为人脑会自主分析、辨别正误。尽管已经有很多建模的工具软件，但这些工具都会让用户先选择合适的模型，然后这些工具会根据所选的模型进行实际建模。其实大多数工具都只是减少了人类的计算工作，把那些已经形成套路的计算工作自动化。模型其实就是解决问题的方法，为一个问题建立不同的模型其实就是提供了不同的解题方法，因此，模型的选择才是关键之关键。

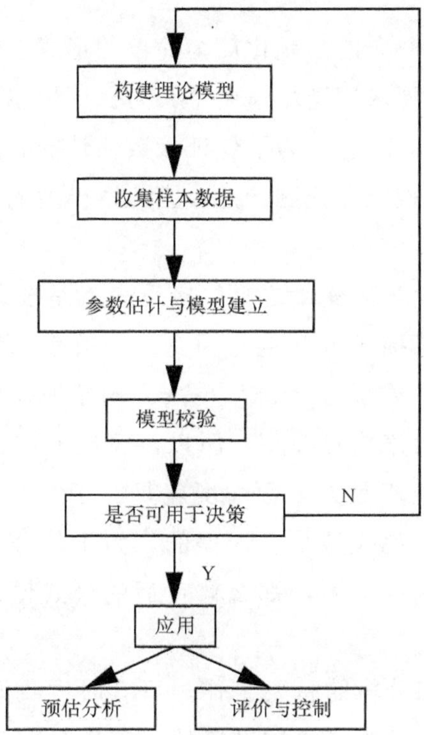

图 4.1 回归分析流程

回归分析的主要目标是找出所研究对象中相关变量的依赖关系，首先选择合适的变量来表示研究对象中的主要影响因素，主要是找出自变量与因变量，也就是选择出合适的变量，然后再确定出模型的形式。通常因变量很容易找到，因为它通常是所研究的因素，而找出那些对因变量影响的自变量往往有些难度。

一方面有可能因变量的自变量有很多，不能遗漏。比如研究人类体重这个课题，人的体重会受哪方面影响呢？这包括很多方面，比如营养、运动时间、工作压力，生活习惯、肥胖基因等，以上这几方面都会直接或间接地影响人的体重，这属于多个自变量和一个因变量的依赖关系，接下来的模型形式就要考虑多元线性回归和多元非线性回归。体重这个课题中的影响因素还是比较好找的，有的课题就不好找，比如研究人的消费能力，消费能力取决于收入、爱好、性格等。什么？还有性格？是，有的人看到父母白手起家创业，深知创业过程中父母的辛劳，即使家里有钱也不愿意浪费，其实这就是孝顺，心疼父母。但其主要影响还是收入，因此在最初可以用收入作为主要的影响因素，即自变量。

另一方面，我们习惯把复杂的问题化简为简单的形式，为的是从本质上找出所研究对象的客观规律。因此，这要求模型尽量简单。为保证模型的简洁，同时减少建模的难度，自变量的数量不宜过多。还有，为了保证参数估计的有效性，自变量之间不能有强线性关系，但实际上我们又很难保证这一点，因此，模型的建立是个反复迭代的过程，不断修正，不断验证。

在确定了模型的自变量与因变量之后，接下来就是要选择合适的公式了。构建理论模型就是利用数学公式来描述自变量与因变量的关系，就是我们在数学课上所说的函数，比如自变量与因变量关系是 $y=ax^2+bx+c$。由于所研究对象的影响因素有多个，我们用的是有限数量的因素来构建模型，所以，理论上构建的模型（公式）并不能满足所有的实际情况（其实能满足大多数情况就足够了），通常人们会找出特殊的例子来将理论模型推倒，也就是说模型是有误差的。为了使公式也满足这种特殊的情况，需要在公式中添加一个随机误差项，那么修正后的公式便是 $y=ax^2+bx+c+$（随机误差项 d）。

模型形式的确定是回归分析的首要工作，可有时候我们无法从现有理论中确定模型形式，通常在这种情况下，为了更加准确地反映出自变量与因变量之间的关系，我们可以对同一问题采取多个模型，依次对它们做回归分析，选出结果较好的模型作为理论模型。

以上确定模型的方式只是理论上的方法，说得不够具体。其实建模就是事先确定用哪种公式来表示自变量与因变量的关系，也就是先确定大方向，即公式的形式，如 $y=kx+b$，还是 $y=b\log x$，然后再确定公式中的常数参数，如 $y=kx+b$ 中的 k 和 b 确定后，x 和 y 的关系就知道了。如何事先确定模型的形式呢？现在推荐个最简单的方法：我们在确定自变量和因变量后，分别把自变量和因变量分别组合成每一对样本数据，然后把所有样本数据生成散点图，观察散点图组成的曲线形状：如果像直线，那我们就选择 $y=kx+b$ 形式的模型；如果像指数曲线，那我们就选择指数曲线模型 $y=ab^x\varepsilon$。

2. 收集样本数据

现在是一个用数据说话的时代，数据往往是观点论证的依据，是我们用来探寻世界运行规律的基础，一个观点的背后需要大量的数据作为支撑才能站得住脚。回归分析是用大量样本数据找出多个因素之间的依赖关系，即运行规律，样本数据的质量决定了回归模型的质量，进而影响后面的参数估算及验证等。因此，样本数据的收集对回归分析起着至关重要的作用。

样本数据就是一对自变量和因变量的组合，比如有多个自变量 x 对因变量 y 有影响，那么一个样本数据便是（x11，x21，…，xn1，y1），第二个样本数据便是（x12，x22，…，xn2，y2），后面的参数估算是依靠这样的大量样本推算而成的。一方面，样本越准确，公式模型中的参数估算越准确；另一方面，参数估算的准确程度还依赖于样本数量，数量越多，越能反应出常态。因此，模型越接近于常态，也就是更准确。

样本数据虽然来自于现实，但受现实的影响很大，经常会出现一些不符常理的样本，这通常是影响因素较多，而我们只取了主要的影响因素作为自变量导致的。举个例子，中模块中的 CPU 使用率来说，通常情况下模块的访问量越大，CPU 利用率也应该越大，当然这只是理想情况。但进程通常要进行系统调用，其行为还取决于系统调用对应的内核实现，这可能就涉及进程阻塞的问题。比如进程调用了某个系统调用，由于涉及抢占锁的问题而暂时阻塞，这时候其 CPU 利用率就降下来了。对于这种并未反应出相应访问量的 CPU 利用率，不应该使其作为样本。有关样本生成还有一些话题，这方面我们会在后面章节中讨论。

3. 参数估计与模型建立

我们所说的模型其实就是个数学公式，数学公式中包括一组自变量和一个因变量，在自变量之前都有个常数作为系数，没有系数的话系数就是 1，如 $y=kx+b$，确定了常数 a 和常数 b 的值，自变量 x 和因变量 y 的依赖就明确了，也就是找到了 x 和 y 的关系。

如何确定常数 a 和常数 b 的值呢？这就是回归分析中最主要的工作——参数估计。不同的公式有不同的参数，上面的直线方程参数是 a 和 b，如果换成一元二次方程 $y=ax^2+bx+c$，要估算的参数就是 a、b 和 c。从公式中可以看出，参数是由公式的形式决定的，我们在之前选择的公式决定了现在参数估计的复杂度。参数估计的方法有很多，最小二乘法、岭估计、主成分法等，不同模型的参数估计会采用不同的方法。其中最常用的就是最小二乘法，它是很多参数估计方法的基础，或者说很多估计方法都是它的演变。最小二乘法是利用大量的样本数据来推算参数，因此，这涉及大量的计算工作，不过好在已经有了计算机，有很多专业的数学软件可以帮助完成这项工作，如 Excel、SPSS、Matlab 等。

无论是何种模型，在通过参数估计方法确定了所有参数后，模型也就建立成功了，接下来便是验证的工作。

4. 模型校验

确定好模型后，是否可以利用该模型进行预测分析，还需要进行检验。一般的检验方法有两大类。

（1）拟合的方程要符合实际数据、要求能够反应出客观事实。所以，一种检验方法是与实际情况相比较的方式，如果符合现实情况，这说明模型是正确的，可用于生产应用。否则，还需要继续讨论，包括修正模型、调整变量、检查样本数据的正确性等。

（2）另一种方法是通过显著性检验等统计检验的手段验证，若模型通过各种统计检验，则可用于生产应用；否则，继续修正模型。

模型的建立并不是一蹴而就的，这是个不断迭代的过程，需要经过不断修正，才能使模型逐渐达到预期效果。

5. 模型的应用

回归分析前期的大量工作就是为了建立问题的模型，找出自变量与因变量之间关系，然后是用此模型进行控制，预估分析等工作。

回归模型是利用以往数据对历史数据进行模拟，即从已经发生的活动中找出运行规律，若将这种规律应用到未来的话，我们可以用自变量未来的值来获取因变量未来的值，从而预测未来的发展趋势。

4.4 回归分析常见的基本形式

回归模型的表示形式是：

$$Y = f(X1, X2, \cdots, Xn) + \varepsilon,$$

其中 ε 是随机误差项。举个例子，如果自变量只有一个，且 X 和 Y 是线性关系，那么具体的回归模型便是 $Y=\beta_1 X+\beta_0+\varepsilon$，但对于非数学专业的读者可能更习惯写成 $Y=kX+b+\varepsilon$ 的形式，大家知道这是一回事就行了。

常见的具体模型形式有。

1. 一元线性回归模型，具体形式是 $Y=\beta_1 X+\beta_0+\varepsilon$

其中 β_1 是 Y 的主要影响系数，起到 Y 的变化率的作用，这表示当 x 变化一个单位时，y 变化 β_1 个单位。

2. 多元线性回归模型，具体形式是 $Y=\beta_0+\beta_1 X_1+\cdots+\beta_n X_n+\varepsilon$

由于有多个自变量，因此 $\beta_1, \cdots, \beta_n$ 属于偏回归系数，这些系数表示在其他自变量不变的情况下，因变量 Y 的变化率。比如在其他自变量不变的情况下，X_1 每增加一个单位，Y 就变化 β_1 个单位。

3. 对数回归模型，具体形式是 $\ln Y=\beta_0+\beta_1 \ln X+\varepsilon$

每当 X 增长 1%时，Y 变化 β_1 个百分点。

4.5　相关关系

在回归分析中很重要的一个概念就是相关关系，具有相关性的样本是能够得到理想公式的前提。什么是相关性呢？也许我们对这个词有自己的体会，但又不是那么明确，下面用概念来定义它。

相关性在总体上来说就是一种相互依赖、相互制约的关系。这是在人类社会和自然界中都普遍存在的一种现象：一些事物的发展伴随着另外一些事物的发展，当另外那些事物发展得很好时，这些事物也会有很好的发展，反之亦然。人的好奇心促使人们去探索这种内在运行的规律，比如草原上的草长得比较茂密时，昆虫、羊等就比较多；当羊很多时，狼就会很多。这个道理还是比较简单的，草长得多，食草动物就会多，动物多了后食肉动物自然就多。也许您说了，这个多明显啊，还用得着总结？好吧，那说个依赖关系不那么明朗的，最典型的就是我国古代总结发现的五行相生相克的关系，如图 4.2 所示。

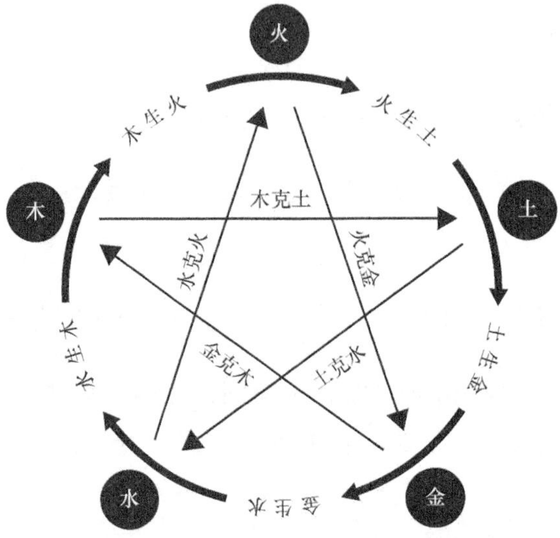

图 4.2　五行相生相克图

古人把大自然中的元素分为 5 类，金木水火土。

这五种元素组成了一个相生、相克的循环，“生”就是培育、促进的意思，即一个事物的发展会使另一个事物也得到发展。“克”就是抵制，制约的意思，即一个事物的发展会阻碍另一个事物的发展。

相生的循环是：木生火，火生土，土生金，金生水，水生木。相克的循环是：木克土，土克水，水克火，火克金，金克木。有种前后呼应、首尾照应的赶脚。

这个规律是总结出来的。以下是我的个人理解，仅用来助记。

木生火：木头易燃嘛，是火苗产生的原料。

木克土：种植有树木的土地，其土壤会被固定不流失。

火生土：燃尽后的木柴会变成灰土。

火克金：火能把金属溶化。

土生金：金属都藏在地下，在地下被发现的，古人便认为是土壤生成了金属。

土克水：水是流动的，土掺入水后，水便被土束缚固定了，因此都说水来土掩嘛。

金生水，水蒸气遇冷会变成水珠，金属是冷的，金属表面会有水珠。

金克木，金属能砍断木头。

水生木，水来浇灌树木的生长。

水克火，水能将火熄灭。

也许您还是觉得五行的关系太明朗了，但是把这种关系运用到中医里就不一样了。五脏之间也存在相生相克的关系，因此可以把五行对应到五脏当中，肝脏属木，心脏属火，脾脏属土，肺脏属金，肾脏属水。另外，五脏还有各自喜好的食物，每当进食某种食物就会增强相应脏器的功能。肝喜酸味的食物，心脏喜欢苦味的食物，脾脏喜欢甜味的食物，肺脏喜欢辣味的食物，肾脏喜欢咸味的食物，注意啦，以上的味道不要过重，否则过犹不及，会加重相应脏器的负担，反而成害。举个例子，现代人总喜欢吃辣味、甜味的食物，按照五行相生相克的关系可以知道:当脾脏较强时，肾脏就会受到克制，原因是土克水，所以不要总吃甜味的食物，虽然对脾脏好，但对肾脏不好。同理，总是吃辣味食物的话，会增强肺脏的功能，但会抑制肝脏的功能，原因是金克木。

经过人们长期的总结发现，不同事物之间相互依赖、制约的关系会有不同的紧密程度，按照紧密程度来划分，这种关系可分为函数关系和相关关系。

函数关系是指事物之间存在着严格的依赖或制约关系，就像我们学过的函数，自变量与因变量之间的关系是通过表达式决定的，关系明确，自变量完全充分控制着因变量的变化。比如正方形的面积 $S=a^2$，边长 a 直接决定了正方形面积 S，边长与面积的关系是百分之百紧密。

相关关系是指事物之间存在着依赖或制约的关系，但不那么严格，事物之间的密切程度并没有达到百分之百的程度。比如，并不是所有喜欢听歌的人都喜欢唱歌。

我们所说的依赖关系其实是各式各样的，按照影响因素的数量、作用方向、关系形态，可以把依赖关系划分成以下几种。

1. 单相关和复相关

相关关系中只涉及一个自变量和一个因变量，这就称为单相关。比如家庭收入和消费能力的关系中，正常情况下，消费能力只取决于家庭收入。

相关关系中涉及多个自变量和一个因变量，这就称为复相关。比如孩子的学习成绩取决于教育、先天基因及学习时间的投入等多个因素。

2. 正相关和负相关

这是按照相关关系的作用方向来划分的。当自变量增大时，因变量也跟着增大，这就是正相关。比如越努力，学习成绩就会越好。

当自变量增大时，因变量跟着减小，这就是负相关。比如超市的进货量越大，卖出越多，成本越低。

3. 线性相关和非线性相关

这是按照因素的关系形态来划分的。若自变量与因变量的相关关系表现为线性趋势，这就称为线性相关；若自变量与因变量的相关关系表现为非线性趋势，这就称为非线性相关。

4.6 用 Excel 绘制散点图和回归分析

做回归分析的专业软件有很多，如 SPSS、MATLAB 等，这些都比较专业，可能是学数学的读者才觉得是种享受。易用性更好一点的有 fityk，还有 Python 的 numpy 包也可以做这工作。如果读者觉得不过瘾的话，可以用专业的 R 语言。R 语言是专用于统计分析的语言，具有统计分析、绘制图表、矩阵计算等。大家比较熟悉就是 Excel，它上手比较快。

一般大家认为 Excel 就是一个制表的软件，顶多写点公式在里面以自动化完成计算。其实它有强大的功能，既能做回归分析，又能做规划求解……总之，能做太多的事情而且操作非常方便。从此我爱上了它，甚至专门为了使用它而专门装了虚拟机虚拟了 Windows，每当想起机器上有 Excel 时心里就会觉得特别踏实。总之，Excel 真是个好工具。

本节将用版本为 Excel 2007 绘制散点图，什么是散点图呢？

散点图就是用样本绘制的图，由于样本是一个个的（x，y），这一个样本在坐标上就是一个点，由于这些样本是一个个单独的个体，将它们代表的所有点在二维坐标轴上绘制时，就会呈现出一些散开的离散点，所以称为散点图。

绘制散点图干啥用呢？其实前面已经说过了，图形是最直接的表达方式，我们将样本绘制成图形，可以更直观地观察样本的总体趋势，找出趋势所接近的曲线，从而选择合适的模型。举一个例子，表 4.3 是父母身高和孩子身高的信息，咱们一会在 Excel 中生成散点图，这样可以直接看到孩子身高随父母身高变化的趋势。

表 4.3 父母与孩子身高

父母平均身高（厘米）	155	160	165	170	175	180	185	190
孩子身高（厘米）	158	162	168	172	178	182	188	195

由于样本是一组（x 值，y 值），因此，最好是写成一行一个样本的形式，这样我们便于将其导入 Excel 中，如图 4.3 所示。

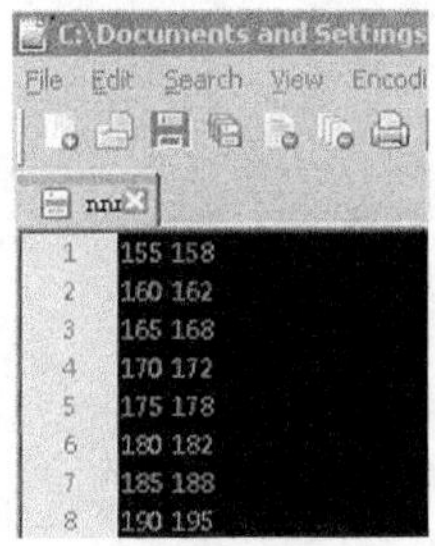

图 4.3 样本

文件中各行都是一个样本，第一列是父母的平均身高，作为样本的 x；第二列是孩子的身高，作为样本的 y。此文件名是 nnn，然后在 Excel 中将此文件打开。由于这不是 Excel 的标准文件，所以 Excel 会出现如图 4.4 提示。

直接单击“是”按钮就行了。接下来的对话框如图 4.5 所示。

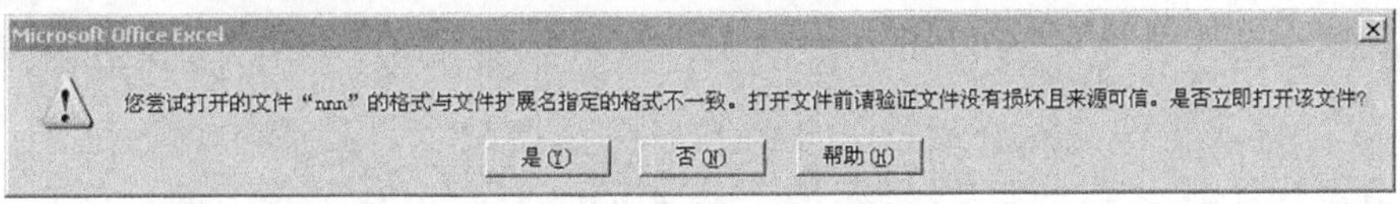

图 4.4 Excel 提示对话框

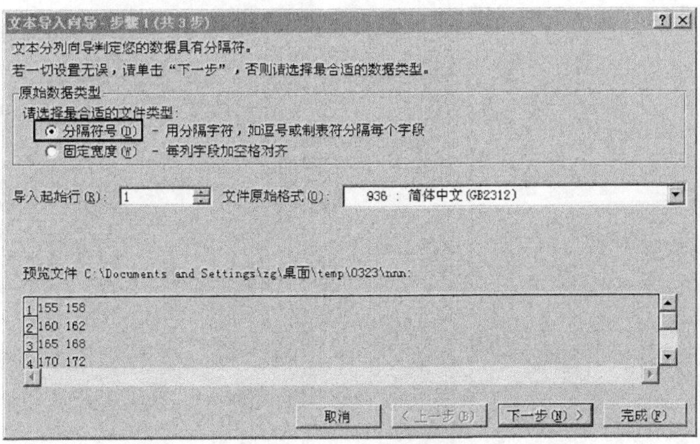

图 4.5 Excel 导入数据 a

注意，这里应该选择分隔符号，已经在图 4.5 中用方框框出来了，这表示 Excel 将用固定的分隔符（也就是我们熟悉的 token）来拆分各行的数据。单击“下一步”按钮，如图 4.6 所示。

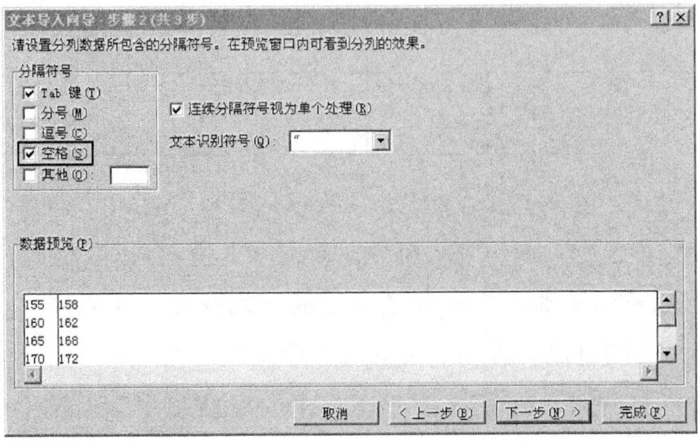

图 4.6 Excel 导入数据 b

由于 nnn 文件中的各行数据是以空格为区分的，因此，在图 4.6 中的分隔符号中，将空格前面的勾打上，如图 4.6 中方框所示；然后不用单击“下一步”按钮，直接单击“完成”按钮；接着文件 nnn 就被打开并且自动分成两列了，如图 4.7 所示。

接着用鼠标光标框选这两列数据后，单击“插入”菜单，单击图标“散点图”，如图 4.8 所示。

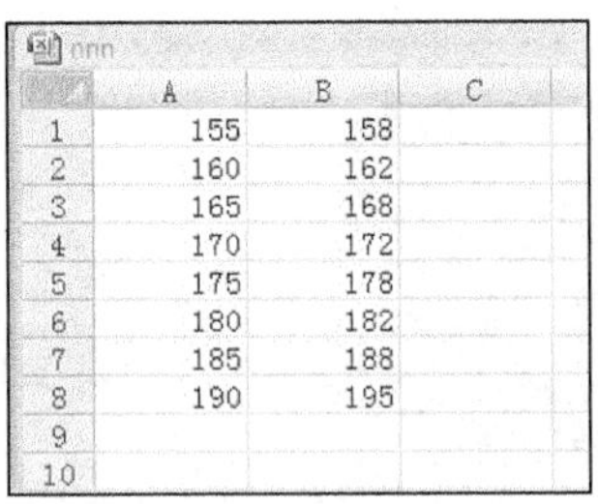

	A	B	C
1	155	158	
2	160	162	
3	165	168	
4	170	172	
5	175	178	
6	180	182	
7	185	188	
8	190	195	
9			
10			

图 4.7 Excel 导入后的数据

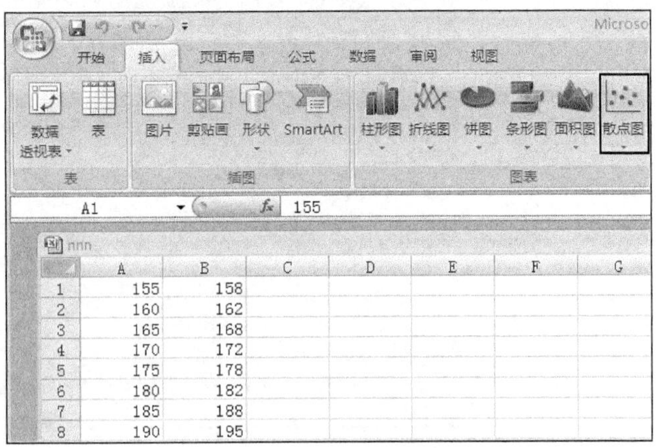

图 4.8 散点图

图 4.8 中方框中的“散点图”便是。接下来从其下拉菜单中选择散点图，然后便自动生成了图像，如图 4.9 所示。

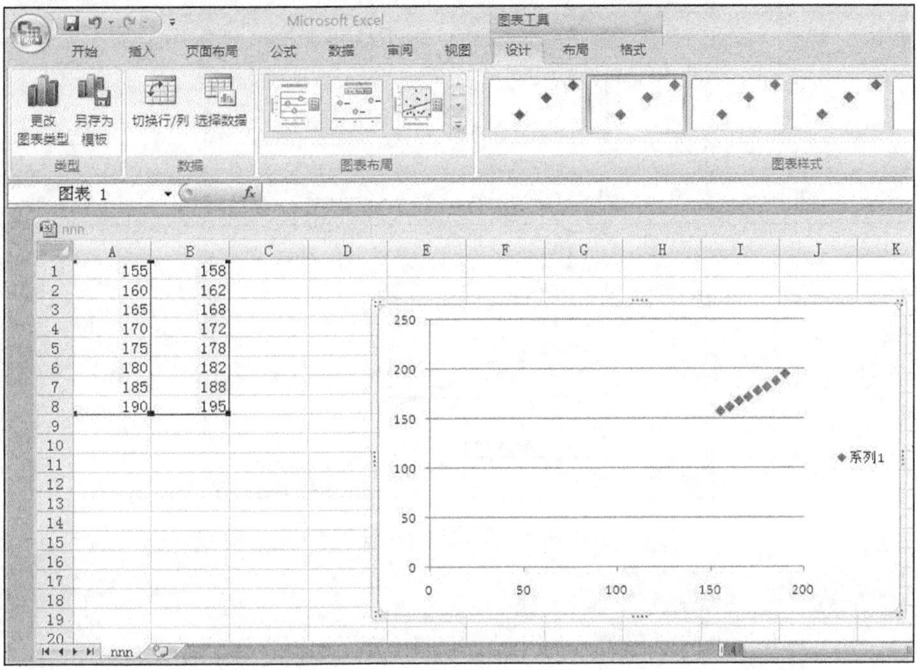

图 4.9　绘制散点图

图 4.9 中左上部分是样本数据，右下部分的是散点图，图 4.9 中向右上发展的一排小点点便是样本数据组成的点。很明显，这些样本的走势呈现很强的线性关系。

单击图 4.9 中的点，右键选择添加趋势线，便可以为其拟合公式，设置趋势线格式对话框如图 4.10 所示。

在对话框中的“趋势预测/回归分析类型”部分是 Excel 提供的几种模型，我们暂且选择线性，因为我们观察散点图可以看出它有很强的线性，因此先用线性回归，在最下面的部分可以勾选上“显示公式”和“显示 R 平方值”，然后单击“关闭”按钮。接下来 Excel 便为这个散点图生成了公式，如图 4.11 所示。

图 4.11 中显示所拟合的公式是 $y = 1.040x - 4.107$，下面的 R^2 是判定系数，表示拟合优度，该值越接近 1，越表示拟合的方程越符合样本趋势，当该值等于 1 时，则表示公式完全符合样本，即样本全部落在公式上。

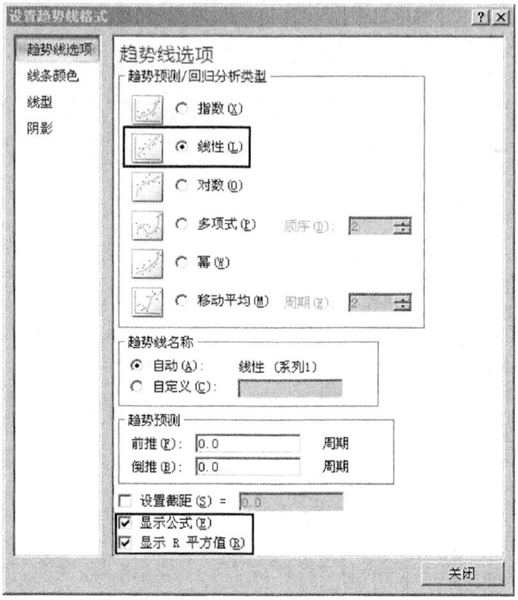

图 4.10　设置趋势线格式

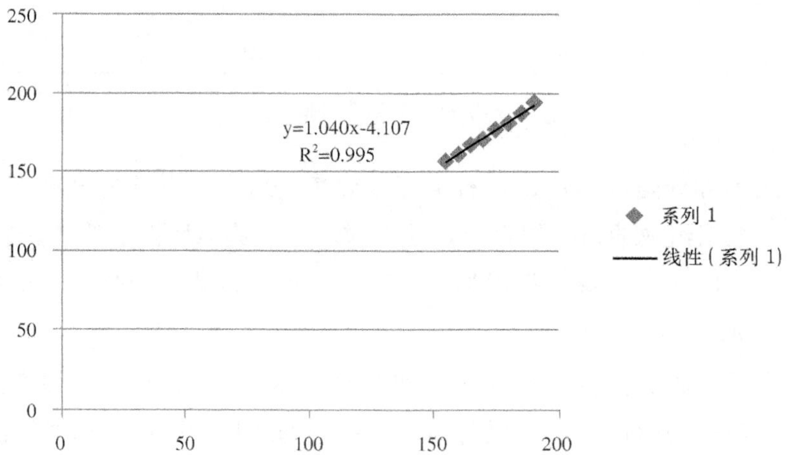

图 4.11　散点图拟合公式

当然，您也可以用不同的方程来同时对这些样本做回归分析，方法很简单，就是在这些样本上再次右键选择添加趋势线就可以了，这样方便直观地得出哪个方程是最优的，如图 4.12 所示。

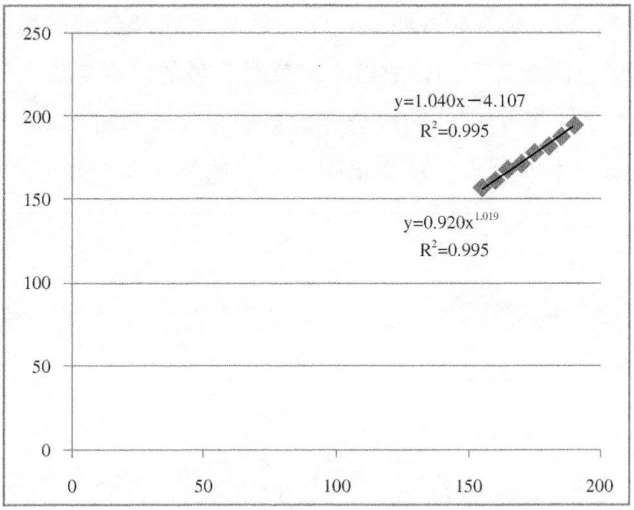

图 4.12 同一样本上拟合多种公式

这次我添加的是幂函数，其拟合公式是 $y=0.920x^{1.019}$，判定系数是 0.995，和线性一样。大家可以试试其他函数类型，以后我们会再次用实际例子来验证不同模型对同一组样本的差异化。

有时候我们可能需要对一组数据分段回归，此时就需要分别选择样本，比如下面的例子，如图 4.13 所示。

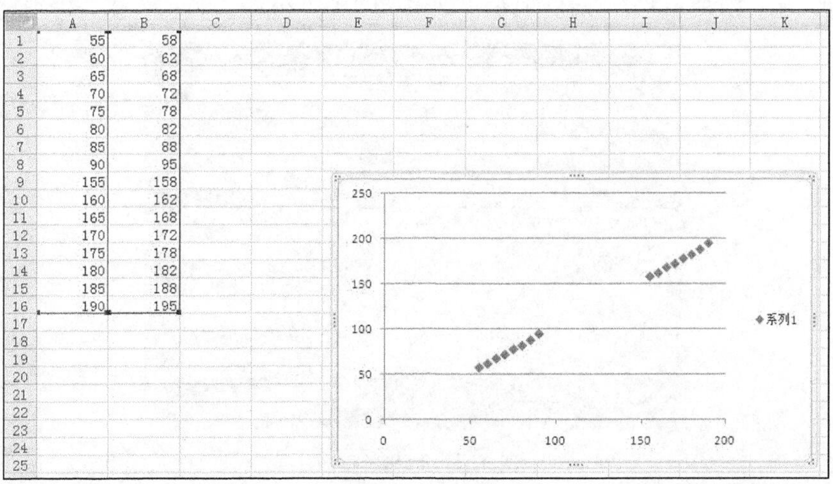

图 4.13 分段样本

图 4.13 就是按照生成散点图的步骤得到的。这里是为了区别两段样本数据才有意使散

点分为两组。正常情况下，为样本添加公式时，默认是选择全部的数据，并不会分开选择某一集合范围，其实想想也是合理的，散点本来就是离散的，点与点之间是有距离的，因此，不知道哪里是集合的边界。我们可以通过选择数据的方式人为将样本分组，然后分别添加公式。只要右键选择散点图中的散点，从菜单中单击“选择数据”即可，如图 4.14 所示。

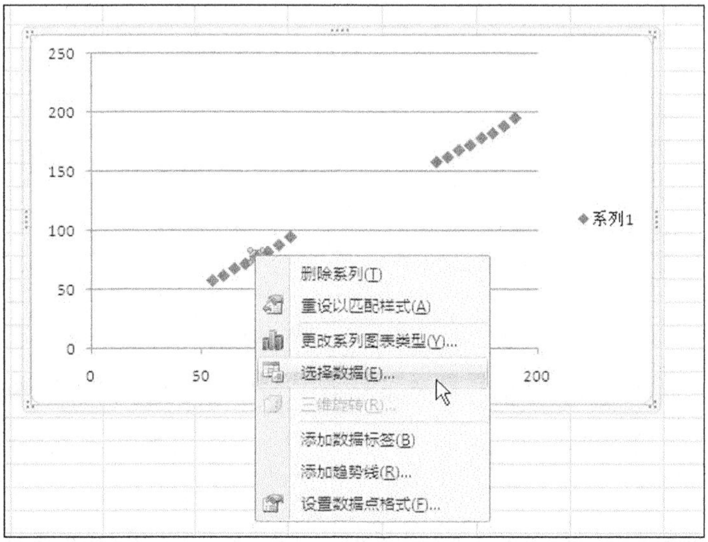

图 4.14 分段拟合 a

然后会弹出“选择数据源”对话框，如图 4.15 所示。

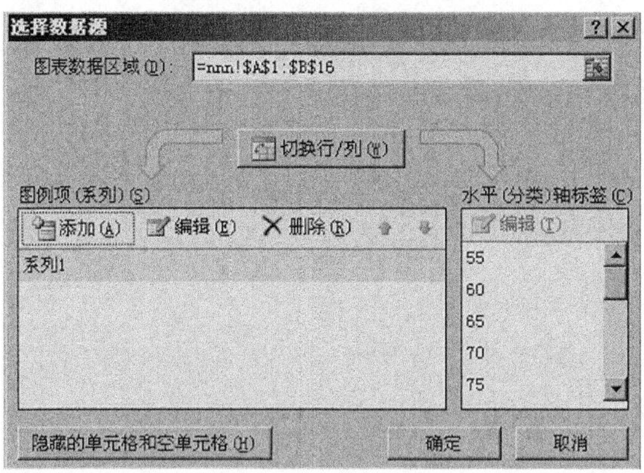

图 4.15 选择数据源

单击选择数据源对话框中的“添加”按钮，会弹出“编辑数据系列”对话框，如图 4.16 所示。

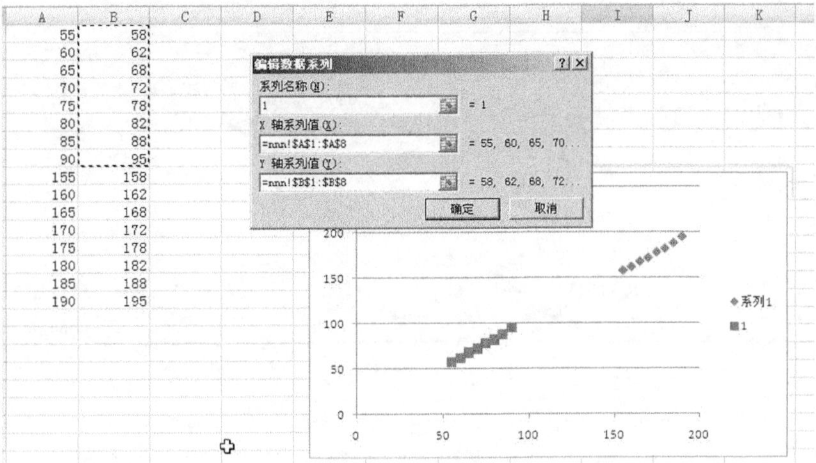

图 4.16 编辑数据系列 a

系列名称表示一组样本数据的名称，这里取名为 1。然后在“X 轴系列值”和“Y 轴系列值”中用鼠标光标在表格中拖选对应的 X 数据和 Y 数据，此时图 4.16 中相应的散点（左下）也变成了红色（运行时看到效果），单击“确定”按钮。然后按照同样的方法添加另一组样本数据，如图 4.17 所示。

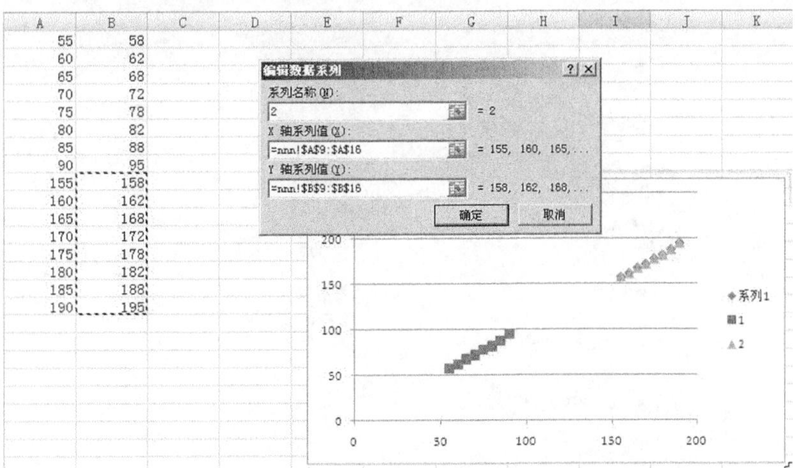

图 4.17 编辑数据系列 b

此时添加的另一段样本数据取名为 2，已经变成绿色（运行可看到效果）的部分了。确定之后，便可以分别选择这两段样本添加趋势线公式了，如图 4.18 所示。

下面是在 Excel 中做回归分析。

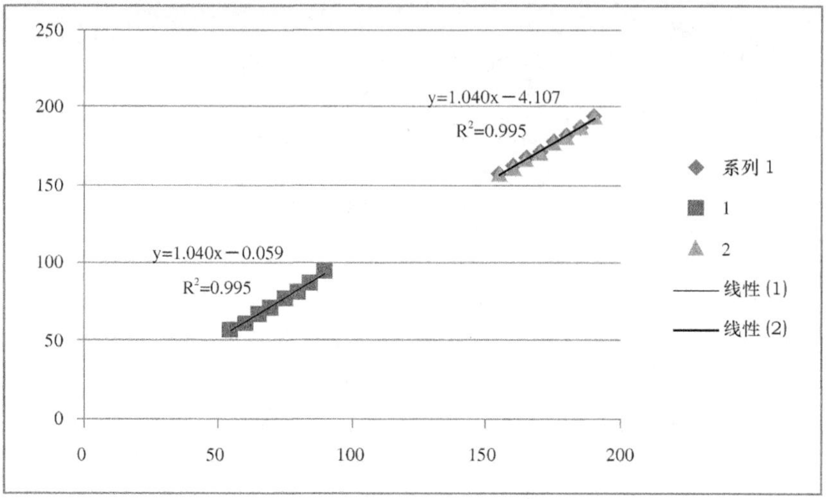

图 4.18 分段趋势线

由于 Excel 功能较多，它只会把平时常用的功能放在表面，那些不常用的功能需要单独调出来。回归工具需要在 Excel 中单独加载，单击 Excel 左上角的“office”按钮，再单击其中的 Excel 加载项，如图 4.19 所示。

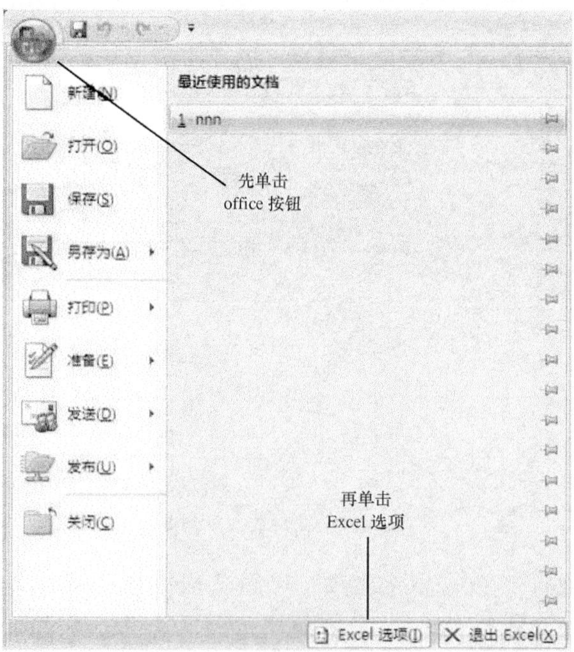

图 4.19 Excel 加载项 a

接着弹出图 4.20 中的对话框。

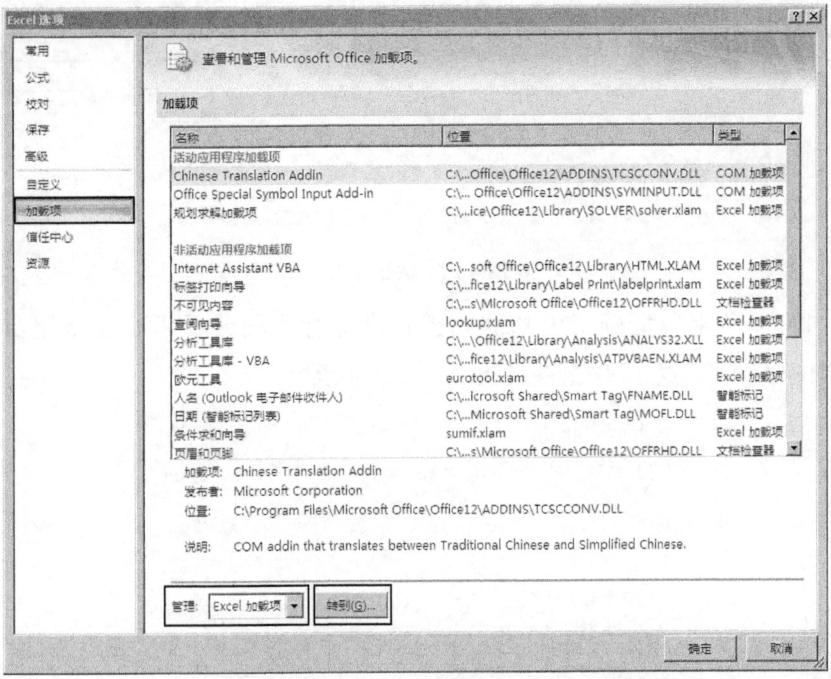

图 4.20　Excel 加载项 b

依次单击图 4.20 中左边的“加载项”按钮、从“管理”下拉框中选择 Excel 加载项，最后单击“转到”按钮，然后弹出如图 4.21 所示的对话框，从中勾选“分析工具库”，单击“确定”按钮。

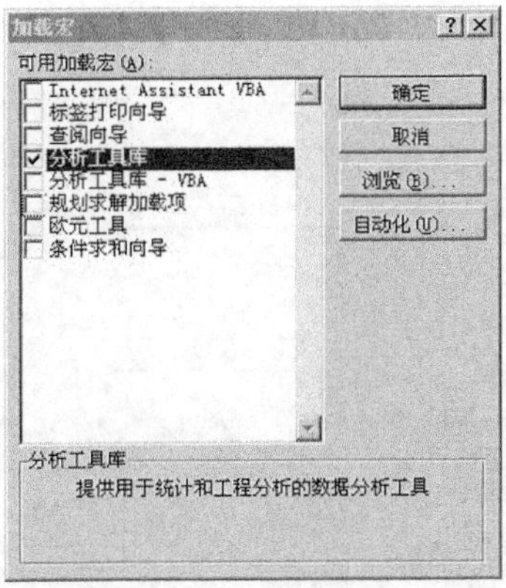

图 4.21　加载宏

之后在数据菜单中便有了数据分析这一功能，如图 4.22 所示。

图 4.22 数据分析

下面我们可以利用数据分析中的回归工具来进行回归分析了。还是用身高数据做例子，单击“数据分析”，之后弹出图 4.23 所示的对话框。

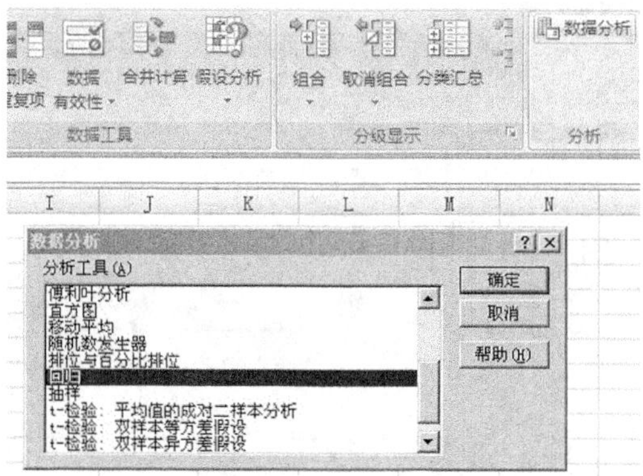

图 4.23 加载回归工具

在分析工具下拉框中选择“回归”项，然后单击“确定”按钮，随后弹出如图 4.24 所示的对话框。

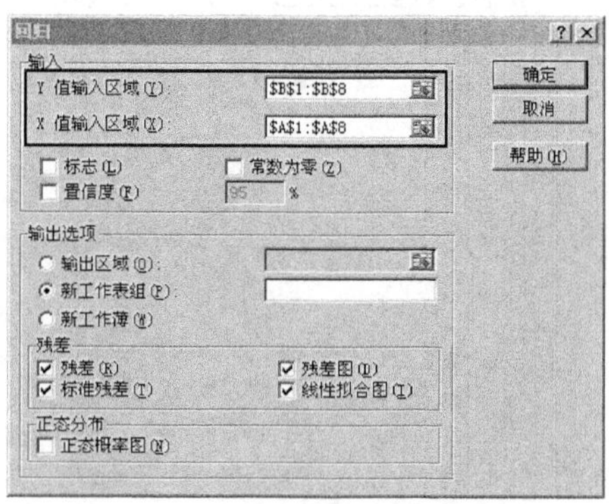

图 4.24 回归工具对话框

在对话框的输入部分“Y 值输入区域”和“X 值输入区域”是样本中 x 和 y 在 Excel 中的表格范围，不需要手工输入，只要单击各输入区域内最右边的小方块，之后便能在表格中拖选了。在下面的残差部分，勾选所需要的结果，最后单击“确定”按钮便完成了回归分析，结果会另起一表单输出。如果对输出位置有要求的话，还可以在“输出选项”中选择“输出区域”。图 4.25 中的 x 和 y 是我选择的那组年龄数字，单击“确定”按钮之后，结果如图 4.25 所示。

	A	B	C	D	E	F	G	H	I
1	SUMMARY OUTPUT								
2									
3	回归统计								
4	Multiple	0.99774							
5	R Square	0.995486							
6	Adjusted	0.994733							
7	标准误差	0.926891							
8	观测值	8							
9									
10	方差分析								
11		df	SS	MS	F	gnificance F			
12	回归分析	1	1136.72	1136.72	1323.111	2.88E-08			
13	残差	6	5.154762	0.859127					
14	总计	7	1141.875						
15									
16		Coefficien	标准误差	t Stat	P-value	Lower 95%	Upper 95%	下限 95.0%	上限 95.0%
17	Intercept	-4.10714	4.945143	-0.83054	0.438025	-16.2075	7.993185	-16.2075	7.993185
18	X Variabl	1.040476	0.028604	36.37459	2.88E-08	0.970484	1.110469	0.970484	1.110469

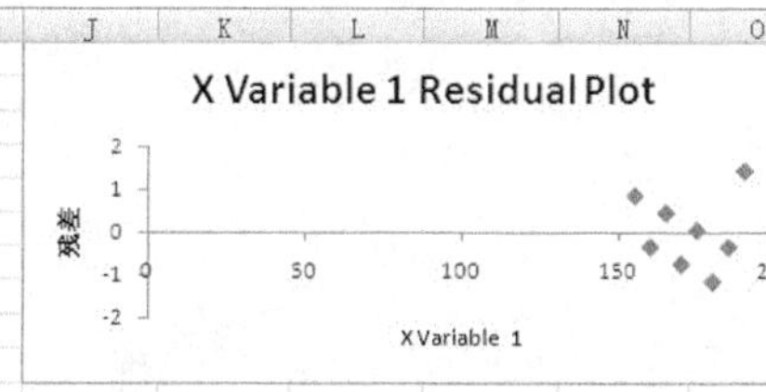

图 4.25 回归分析结果

有关 Excel 的介绍就到这了，够用就行了，大伙儿下节再见。

4.7 相关系数的计算

我们已经讨论了相关关系，它反应了影响因素之间的密切程度。密切程度（也就是相关程度）可以通过散点图的方式很直观地展现出来，如图 4.26 和图 4.27 所示。

但是以图形来表示密切程度并不会很精确，最好是能够把这种密切关系量化，能计算出来一个数据才是最精确的，其实这就是相关系数。

相关系数能够通过度量的方式准确地描述变量间的相关程度，不同类型的变量数据有不同的相关系数，下面我们介绍一下皮尔逊简单相关系数。

在度量变量间<u>线性</u>相关程度的方法中，皮尔逊简单相关系数是最常用的方法，生活中最常见的线性相关的例子有体重与身高的关系，一般身体越高体重越大。相关系数分为两类：如果是利用全部数据计算而来的相关系数，这称为总体相关系数；如果是利用样本数据计算而来的相关系数则称为样本相关系数，这是我们采用的方法。下面是皮尔逊简单相关系数公式：

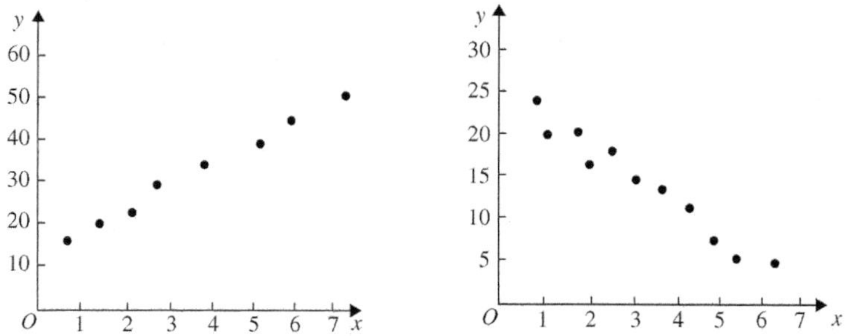

正线性相关　　　　负线性相关

图 4.26　线性相关

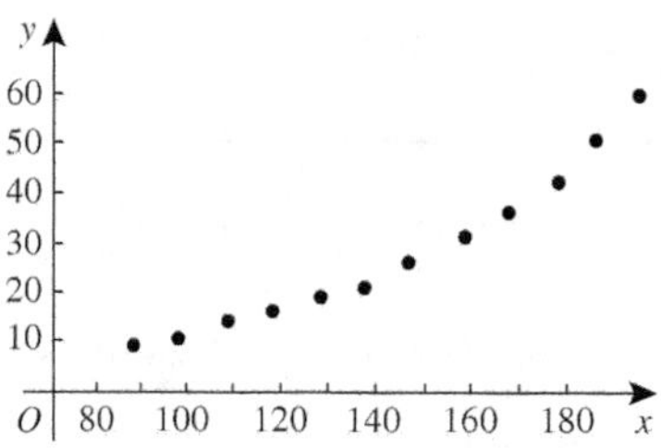

图 4.27　非线性相关

$$r=\frac{\sum_{i=1}^{n}(x_i-\overline{x})(y_i-\overline{y})}{\sqrt{\sum_{i=1}^{n}(x_i-\overline{x})^2\sum_{i=1}^{n}(y_i-\overline{y})^2}}\text{ 化简后：}\ r=\frac{n\sum_{i=1}^{n}X_iY_i-\sum_{i=1}^{n}X_i\sum_{i=1}^{n}Y_i}{\sqrt{n\sum_{i=1}^{n}X_i^2-(\sum_{i=1}^{n}X_i)^2}\sqrt{n\sum_{i=1}^{n}Y_i^2-(\sum_{i=1}^{n}Y_i)^2}}$$

了解一下这个公式，以后我们会套用它计算直线的相关系数。皮尔逊相关系数的基本原理是：

把每一对样本（X_i,Y_i）中的 X_i 的值与所有 X 均值的距离和相应 Y_i 的值与所有 Y 均值的距离相乘，如果积为正，这说明两个变量的变化趋势相同；如果积为负，这说明两个变量的变化趋势相反。将所有样本中的这些乘积相加后，如果大多数为正数，则结果也是正数；如果大多数为负数，则结果为负数；如果正负乘积个数差不多，则和接近于零。

相关系数 r 的取值范围是−1～+1。当|r|=1 时，表示绝对线性相关，也就是样本数据都落在直线上；如果 r=0，则说明完全线性不相关；如果 r> 0，则表明正线性相关；反之，r < 0 则表示负线性相关。

4.8　一元线性回归

在现实问题中，我们经常会研究某一因素与另外一主要因素之间的关系，而且很多问题中这两个因素都呈线性关系，对于这种情况，我们可以采取一元线性回归。一元线性回归是形式最简单的模型，我们看它能帮助解决现实生活中哪些问题。

用月收入和月消费来说，通常情况下收入越的，消费越多，下面按月工资调查，每类工资调研 5 个人，分别统计他们的消费水平，具体如表 4.4 所列。

表 4.4　　收入与消费统计 a

收　　入	消　　费
3000	11601000 1220 1130 980
3500	12401200 1130 1320 1090
4000	15201350 1390 1420 1480
4500	18501750 1620 1680 1700
5000	20802190 1900 1950 2000
5500	24602320 2380 2400 2500
6000	27202570 2650 2680 2700
6500	30002720 2880 2860 2730
7000	31603250 3100 2900 2980
7500	34403300 3280 3490 3440
8000	36603480 3520 3580 3620

也许您想知道收入和消费之间的关系是什么，我们先利用线性模型对其进行回归分析。按照之前介绍的方法，在 Excel 中写入样本数据，绘制散点图，结果如图 4.28 所示。

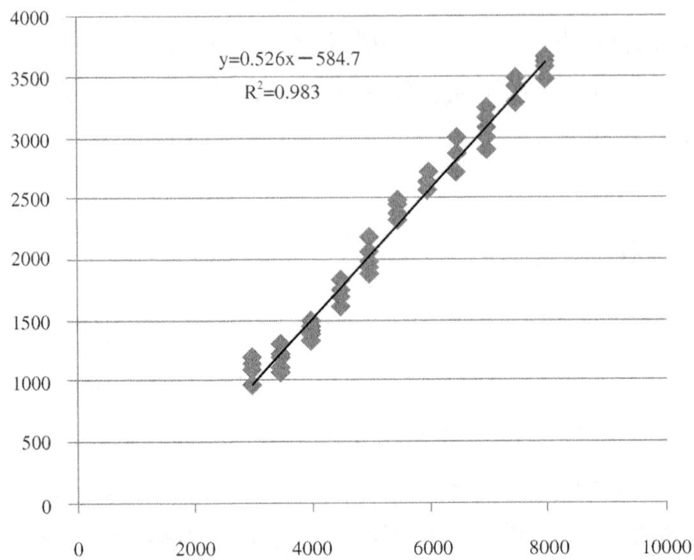

图 4.28 散点图 a

从图 4.28 中可以看出，用以上的样本数据绘制出的散点图还是呈现了较强的线性，这至少说明收入在 3000～8000 这段的人员，其消费水平随收入呈正线性相关。我们选择的模型是直线公式，拟合的公式是 y=0.526x−584.7，判定系数是 0.983，判断系数表示公式的拟合优度，该值越接近 1 说明公式拟合度越好，如果等于 1 则表示样本都落在拟合的直线上，后面章节会对其介绍。

以上是用了调查中所有的样本来总结内存规律，这属于总体回归分析，但其实很少能获到全部的样本，能够获到的往往是一部分抽样数据，这种利用抽样数据做回归分析就称为样本回归函数，这也是容量项目的主要工作。

假设总体回归模型是 $Y=\beta_0+\beta_1 X+\varepsilon$，那么样本回归模型 $\hat{Y}_i=\hat{\beta}_0+\hat{\beta}_1 X_i+\hat{u}_i$ 就是对总体回归模型的一种近似估计，其中 $\hat{\beta}_0$ 和 $\hat{\beta}_1$ 分别是对 β_0 和 β_1 的估计量，$\hat{u}_i$ 称为残差，它是对 ε 的估计量，ε 是随机干扰项，后面会介绍。**注意**，由于通常情况下没法获得全部样本，基本上都是用部分样本去分析预估总体的情况（知道了全部样本就无须预测了），因此，整体回归函数仅是个概念，很不实用，基本上都是用样本回归函数。

下面用上面的一部分数据再看看，如表 4.5 所列。

表 4.5　　收入与消费统计 b

收入	3000	3500	4000	4500	5000	5500	6000	6500	7000	7500	8000
消费	1160	1240	1520	1850	2080	2460	2720	3000	3160	3440	3660

以上就是各组别收入的第一个人的消费水平，下面绘制其散点图，如图 4.29 所示。

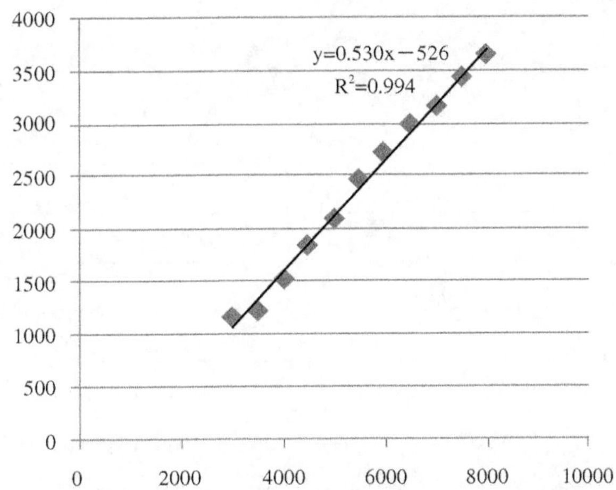

图 4.29　散点图 b

此时的公式是 y = 0.530x − 526，这依然是直线方程，判定系数是 0.994。不过此时的公式和上面总体回归分析的公式 y = 0.526x − 584.7 有点差别，但差别并不大，这从一定程度上说明，样本的数量对拟合的方程还是有直接影响的，样本越多，所做的回归分析就越接近总体回归分析，方程就越接近完美。所以，我们在容量规划中一定要用尽可能多的样本来拟合公式，虽然样本多了之后计算量会大，但不要怕，计算机会帮我们计算。

如果此时换一组消费水平样本，拟合的公式肯定又会是另一个，但我想差别肯定不大。

可是在某些情况下却并不总是这样，比如当收入超过一定程度时，消费能力反而下降。其实这也是很好理解的，当人的层次到一定程度时就会无欲无穷，或者说之前已经尝试过了各种消费，任何消费对他已经没有吸引力了，而且他们的生活乐趣已经不是在物质、娱乐上。比如很多人都是在上年纪的时候开始养生，吃的用的花销都很少，而且生活很规律，不再注重那些娱乐生活，所以在金钱上的消费自然就少了。就像微软的比尔盖茨和 Facebook 的扎克伯格，他们穿的衣服都很廉价，他们的价值观已经不在虚有其表的物质上了。

若考虑到类似这种情况的消费水平，新的消费水平可能会呈现下列的结果，如图 4.30 所示。

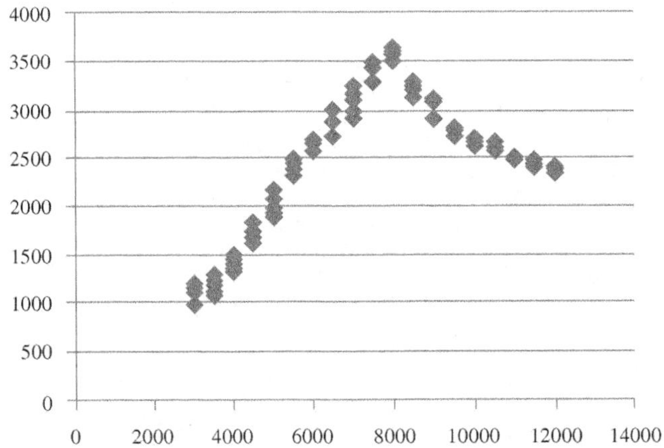

图 4.30 散点图 c

对于这种情况，一种方案是用多项式回归，线性拟合的效果如图 4.31 所示。

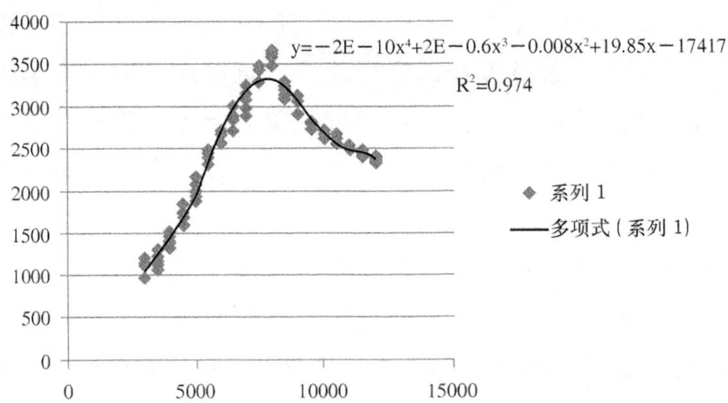

图 4.31 用多项式拟合散点

对于不规律的曲线可以用多项式来拟合，采取多项式的好处是，它可以通过“凑”

项数的方式把公式“凑”出来，随着次数的增加，多项式中的项数也会增加，通过多项式这种搭积木的方式，基本上可以解决大部分问题。

图 4.31 中用的是一元 4 次多项式，其判定系数是 0.974，说明拟合优度还是很高的。

另一种方案是考虑分段回归分析，散点图中有几条特征曲线，我们就用几段模型对其回归分析。重新在 Excel 中分段回归，如图 4.32 所示。

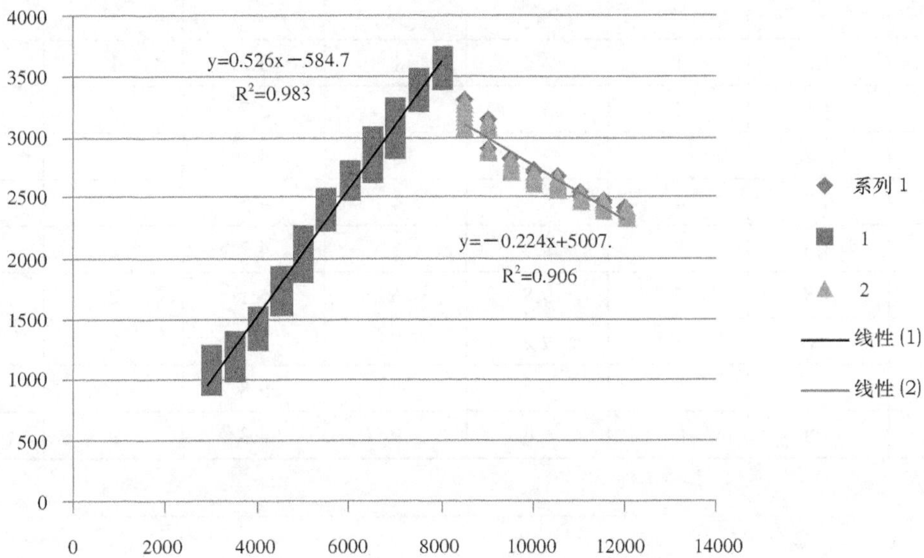

图 4.32　分段拟合曲线

当收入为 8000 时消费行为会有明显的变化，因此，我们把 8000 作为分界点。我们把 8000 之前的样本单独回归，这里采用的是线性回归，其方程是 $y = 0.526x - 584.7$，判定系数是 0.983，8000 右边的样本也是采用了线性模型，拟合的公式是 $y = -0.224x + 5007$，判定系数是 0.906，拟合优度也很高，不过，目测可以用指数方程等非线性回归更合适，大家可以试试。

4.9 模型的选择

给出了一组样本数据，我们应该选择什么模型做回归分析呢？前面说过，核心方法就是判断样本的走势更加符合哪种曲线。一种方法就是通过数学计算判断样本的曲线模型，这种方法需要很好的数学功底；另一种最简单的方法就是把样本绘制成散点图，观察样本走势，选择合适的曲线实例如表 4.6 所列，效果图为图 4.33 所示。

表 4.6 样本数据

第一组		第二组		第三组		第四组	
X	Y	X	Y	X	Y	X	Y
1	3.2	1	4.2	1	3.3	1	2.7
2	4.6	2	5.9	2	3.7	2	3.2
3	6.2	3	7.2	3	4.1	2	3.5
4	3.7	4	8.3	4	4.5	2	3.8
5	5.6	5	9.3	5	4.7	2	4.2
6	7.8	6	9.8	6	5.1	2	4.5
7	7.0	7	9.2	7	5.4	2	4.7
8	7.3	8	8.2	8	9.8	8	6.6
9	9.8	9	6.4	9	6.3	9	7.8

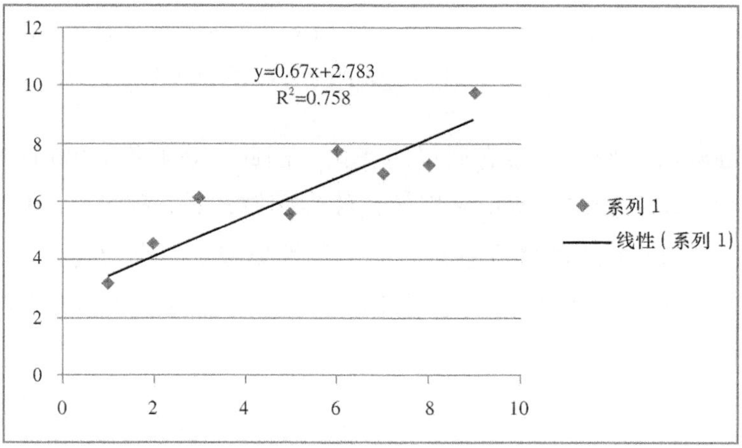

图 4.33 直线方程

第一组样本呈明显的线性，因此，用直线模型比较合适，如图 4.34 所示。

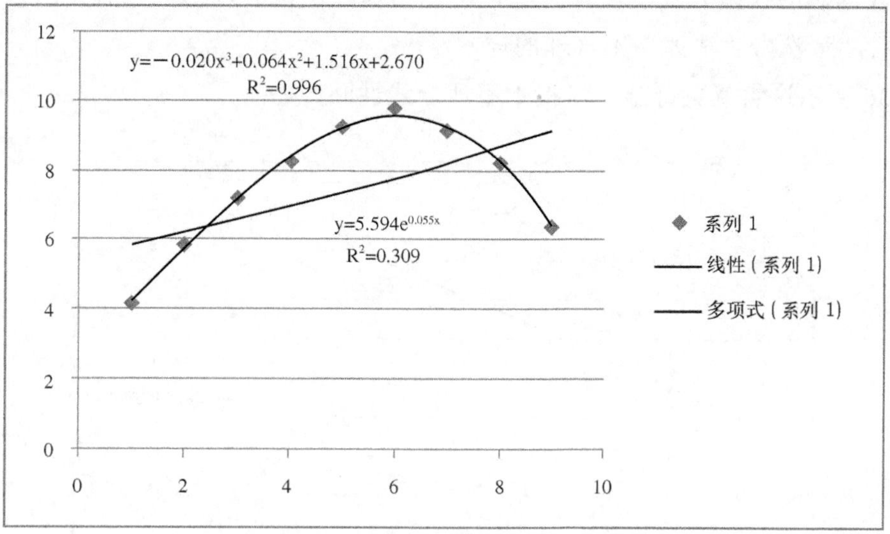

图 4.34 多项式拟合和直线拟合

第二组样本呈曲线的趋势，因此，用多项式比较合适，此处用二次多项式（抛物线）和三次的项式都挺合适，总之，次数越多拟合效果越优。这里还举了一个反例，还用直线模型做一个对比，其判定系数是 0.309，明显拟合效果很差，如图 4.35 所示。

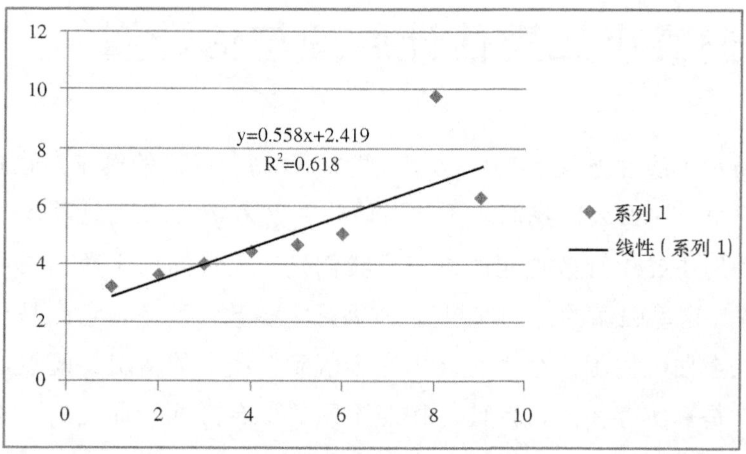

图 4.35 直线拟合样本

第三组如果排除（8,9.8）这对异样的样本，基本上可以用直线很好地拟合，这说明为了拟合较理想的模型公式，样本中应该不包括那些反常的数据，也就是应该在回归前对样本进行“清洗”，“洗掉”不合理的样本。

图 4.36 所示这组就更奇葩了，根本不适合线性回归。

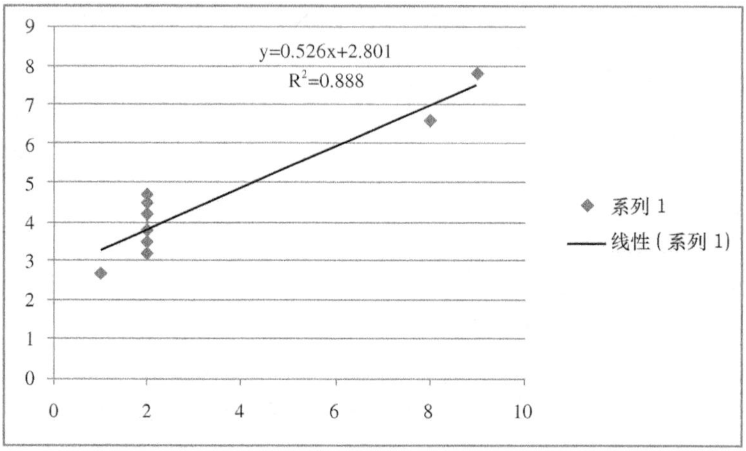

图 4.36 无法拟合的样本

综上所述，绘制散点图对回归方程的确定是非常重要的，可以此方法来选择模型。

4.10 普通最小二乘估计原理与估计量

我们之前演示了线性方程 $Y=\beta_0+\beta_1 X$（即 $y=kx+b$）形式的例子，也在 Excel 中看到过它的应用，但说了这么久，我们还不知道估计量 β_0 和 β_1 是如何计算出来的。

想想看前面用 Excel 画散点图的例子，我们是用大量的样本数据来拟合出一条“理想”的曲线方程，这里强调的是“理想”，原因是大多数情况下，它只是会贯穿所有的样本，即样本围绕在曲线周围，很少有样本完全落到曲线上的情况。既然这是一条拟合出来的曲线，并不是真实存在的，因此，按照不同的拟合方式，曲线的形态可能有多种，即使是同一种形式的方程，也有可能参数估计量不同。

有很多方法可以通过样本数据估算模型的参数估计量，不同的方法可以得到不同的参数估计值，因而在模型 $Y=\beta_0+\beta_1 X+\varepsilon$ 中，参数 β_0 和 β_1 的值并不是唯一的。其中 ε 称为随机干扰项，它表示一个不可观测的随机变量，该值可正可负。

随机干扰项有什么意义呢？为什么不融合到参数 β_0 中？

是这样的，回归分析是找出主要自变量对因变量的影响，因此，还有一些我们不知道的因素（自变量）或者故意忽略的一些影响不大的因素，这些统统归为我们无法确定的因素，它们影响着因变量的结果，但又不在理想模型中存在，因此“显式”加入这个随机干扰项 ε 表示这种不确定的情况。

对于研究的问题，这个理想的曲线是观察不到的，必须通过样本数据反推出这条理想曲线方程。推算的方法很多，最著名的就是最小二乘法，下面我们看看它的原理，如图 4.37 所示。

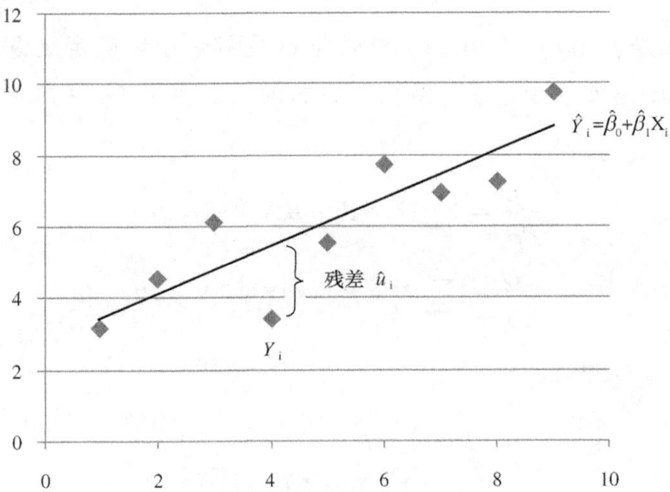

图 4.37 最小二乘法原理 a

怎样估计这条直线呢？较直观的想法是，应该使这条直线位于所有样本的中间。如果用数学语言来表述的话：设被估计的理想直线为公式 $\hat{Y}_i=\hat{\beta}_0+\hat{\beta}_1X_i$，其中 Y_i 是各样本的 Y 值，称为样本观测值，$\hat{Y}_i$ 称为 Y_i 的拟合值，$\hat{\beta}_0$ 和 $\hat{\beta}_1$ 分别是 β_1 和 β_2 的估计量。样本观测值 Y_i 到 $\hat{Y}_i$ 的偏离距离称为残差，记作 $\hat{u}_i$。

根据图 4.38 上关系，我们可以得到下面的等式：

$$Y_i=\hat{Y}_i+\hat{u}_i = \hat{\beta}_0+\hat{\beta}_1X_i+ \hat{u}_i$$

估计回归曲线时，我们希望直线的位置使所有样本的残差最小，也就是位于样本中心，有 3 种方案可选择。

（1）以“残差之和最小”为准。

此方案有一个问题，如果残差有正有负，正负会抵消，从而无法满足期望。

（2）以“残差绝对值之和最小”为准。

此方案虽然避免了正负抵消，但绝对值的代数性质不好。

（3）以“残差平方之和最小”为准。

平方肯定为正，有效避免了正负抵消的问题。

由于平方就是二次方，并且是使平方和最小，故此方法称为最小二乘法。

若用 Q 表示残差平方和，用数学语言可表达为：

$$Q=\sum_{i=1}^{n}\hat{u}_i^2=\sum_{i=1}^{n}(Y_i-\hat{Y}_i)^2=\sum_{i=1}^{n}(Y_i-\hat{\beta}_0-\hat{\beta}_1X_i)^2$$

可以把 Q 看成是 $\hat{\beta}_0$ 和 $\hat{\beta}_1$ 的函数，如果使 Q 达到最小以确定这条直线，也就是得到 $\hat{\beta}_0$ 和 $\hat{\beta}_1$ 的值，这就是要求极值了，微积分的知识派上用场了，我们要分别计算 Q 对 $\hat{\beta}_0$ 和 $\hat{\beta}_1$ 的偏导数：

$$\frac{\partial Q}{\partial \hat{\beta}_0}=2\sum(Y_i-\hat{\beta}_0-\hat{\beta}_1X_i)(-1)=0$$

$$\frac{\partial Q}{\partial \hat{\beta}_1}=2\sum(Y_i-\hat{\beta}_0-\hat{\beta}_1X_i)(-X_i)=0$$

化简过程略，最终得到：

$$\hat{\beta}_0=\overline{Y}-\hat{\beta}_1\overline{X}$$

$$\hat{\beta}_1=\frac{\sum(X_i-\overline{X})(Y_i-\overline{Y})}{\sum(X_i-\overline{X})^2}$$

这两个参数公式非常重要，我们会在项目中用到。

前面介绍了很多类似的公式，给大伙儿区分一下，我们现在得到了几个模型。

（1）真实的统计模型，属于总体回归模型，所有观测值样本都符合此方程规律的理想模型：

$$Y=\beta_0+\beta_1X+\varepsilon$$

（2）预估的回归直线，属于样本回归模型，根据部分样本得到的直线方程：

$$\hat{Y}=\hat{\beta}_0+\hat{\beta}_1X$$

（3）预估的统计模型，有一些未考虑的因素对因变量也有影响，因此，在预估的回归直线（第二种方程）的基础上加上残差以校正预估结果：

$$\hat{Y} = \hat{\beta}_0 + \hat{\beta}_1 X + \hat{u}$$

在实际问题中主要是采用第二和第三种，即在预估的回归直线的基础上再加上残差。

4.11 回归模型拟合效果的度量

我们拟合回归方程的目的是为了找出样本中自变量 x 和因变量 y 之间的关系，然后把自变量的新值代入所拟合的方程去预估因变量的新值。不过话说回来了，y 的结果取决于方程的拟合优度，即回归方程的精度和效果，因此，在应用回归方程之前，我们还要校验下回归方程的拟合效果。

回归方程是通过样本得到的，因此，回归方程的拟合优度就是指回归方程是否满足所有样本的“程度”。

其实拟合优度这个概念还是很好理解的，就是样本落在所拟合的曲（直）线上或曲（直）线周围的趋势程度，如果全部样本都落在直线上，也就是所有样本数据本身的散点图就是一条直线，那么所拟合的直线模型将与此散点图形成的直线重合，也就是拟合效果百分百，此时用拟合的直线可以没有误差的预测因变量。如果样本散落在回归曲（直）线周围，并且与该线发展趋势相同，拟合优度也会非常好。如果样本的分布趋势与回归曲线不符，言外之意表示回归曲（直）线方程与样本关系不大，因此拟合优度肯定很差。以上所说的“样本满足与回归方程的趋势程度”，我们常用判定系数来表示，判定系数越高，说明样本与回归模型的拟合度越高，反之拟合度越低。下面我们讨论下判定系数的计算方法。

由于自变量 x 不同，因变量 y 取值也是不同的，再加上我们只考虑 x 作为主要的因变量，并且其他影响因素未考虑但依然存在影响的原因，因变量 y 的值总会有差异，我们这里把样本值 y 与所有样本 y 的平均值 $\bar{Y}$ 的差称为离差，所有样本 y 值的差异大小可用离差的平方和表示，即：$SST = \sum(Y - \bar{Y})^2$。

下面以一元线性回归方程为例，假设回归方程为 $\hat{Y} = \hat{\beta}_0 + \hat{\beta}_1 X$，每个样本的离差都可以拆分成两部分，即 $Y - \bar{Y} = (Y - \hat{Y}) + (\hat{Y} - \bar{Y})$，它们的关系如图 4.38 所示。

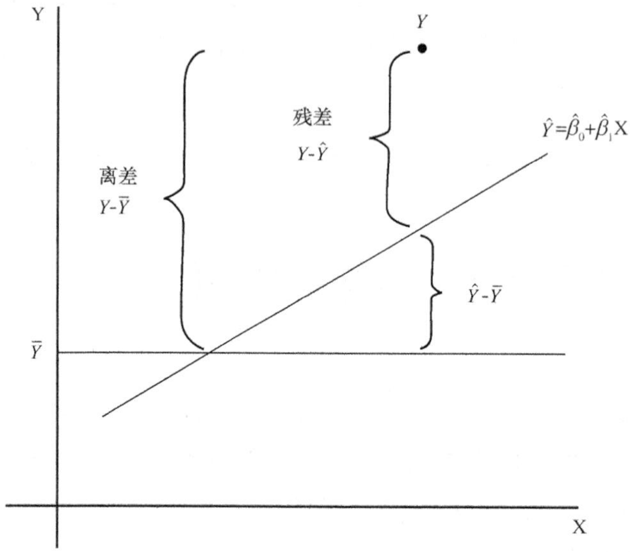

图 4.38 最小二乘法原理 b

将上式两边平方并对所有样本求和，证明过程略，结果为：

$$\Sigma(Y-\bar{Y})^2=\Sigma(Y-\hat{Y})^2+\Sigma(\hat{Y}-\bar{Y})^2=\text{SST}$$

这表示所有样本 y 值的差异量$\sum(Y-\bar{Y})^2$可分解成两个部分。

- $\sum(Y-\hat{Y})^2$表示所有样本 Y 值与回归方程估计值$\hat{Y}$的残差之和，记作 SSE。
- $\sum(\hat{Y}-\bar{Y})^2$表示回归方程估计值$\hat{Y}$与所有样本的平均 Y 值$\bar{Y}$的离差平方和，记作 SSR。

即 SSR+SSE=SST。根据图 4.39 所示，回归方程拟合的效果取决于 SSE 和 SSR 的值，样本越靠近回归直线，SSR 的值就越大，因此，SSR 占 SST 的比例就越大，这个比例反应了回归直线的拟合优度，此比例便称为判定系数，记作 R^2。

$$R^2=\frac{SSR}{SST}=\frac{\sum(\hat{Y}-\bar{Y})^2}{\sum(Y-\bar{Y})^2}$$

$$R^2=1-\frac{SSE}{SST}=1-\frac{\sum(Y-\hat{Y})^2}{\sum(Y-\bar{Y})^2}$$

R^2 的取值范围是 0～1，当 R^2 为 1 时，表示样本全落到直线上，完全拟合。

4.12 多元线性回归分析

之前我们了解了一元线性回归分析，本节开始接触多元线性回归，看上去似乎复杂了很多，多元线性回归是一元线性回归的扩展，因此难度系数并不高。

一元线性回归中我们研究的是一个自变量和一个因变量之间的关系，原因是主要影响因素就一个，其他的影响因素可忽略。但现实中很多问题的主要影响因素不止一个，比如拿相亲这件事来说，相亲成功是建立在很多条件之上的，比如颜值、工作收入、背景、家庭环境、学历、人品等。

在多元回归分析中，最常使用的是多元线性回归模型，其一般形式是：

$$Y=\beta_0+\beta_1X_1+\beta_2X_2+\ldots+\beta_nX_n+\varepsilon$$

其中 $\beta_0,\beta_1,\beta_2,\ldots,\beta_n$ 是未知参数，ε 是随机误差项，β_0 是回归方程的常数项，$\beta_1\sim\beta_n$ 是偏回归系数。

一元方程表现的是一条线，二元方程表现的是一个面，如图 4.39 所示，三元以上方程表现的是超过面的东西。

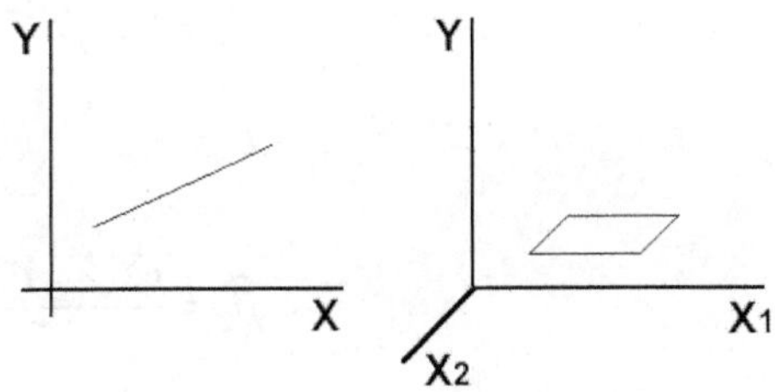

图 4.39　一元方程与二元方程

对于所收集到的 n 组样本数据，多元线性回归模型可表示为下列实例：

$$\begin{aligned}
Y_1&=\beta_0+\beta_1X_{11}+\beta_2X_{12}+,\ldots,+\beta_nX_{1n}+\varepsilon_1\\
Y_2&=\beta_0+\beta_1X_{21}+\beta_2X_{22}+,\ldots,+\beta_nX_{2n}+\varepsilon_2\\
Y_3&=\beta_0+\beta_1X_{31}+\beta_2X_{32}+,\ldots,+\beta_nX_{3n}+\varepsilon_3\\
&\ldots\ldots\\
Y_m&=\beta_0+\beta_1X_{m1}+\beta_2X_{m2}+,\ldots,+\beta_nX_{mn}+\varepsilon_m
\end{aligned}$$

也许您要问了，如何计算 $\beta_0,\beta_1,\beta_2,\ldots,\beta_n$ 这组未知参数呢？之前我们介绍了利用最小二乘法求解一元线性回归参数，值得欣慰的是，最小二乘法也可用于多元线性回归，咱们套用最小二乘法在一元线性回归中的应用，对于多元线性回归方程的参数估计原理是，找一组参数估计量 $\hat{\beta}_0,\hat{\beta}_1,\ldots,\hat{\beta}_n$，使残差平方之和达到最小，记作 $Q(\hat{\beta}_0,\hat{\beta}_1,\ldots,\hat{\beta}_n)$，即：

$$Q(\hat{\beta}_0,\hat{\beta}_1,...,\hat{\beta}_n)=\sum(Y-\hat{\beta}_0-\hat{\beta}_1X_1-\hat{\beta}_2X_2-...-\hat{\beta}_nX_n)^2$$

接下来要做的就是求未知参数的偏导数，令它们的偏导数为 0，则未知参数 $\hat{\beta}_0,\hat{\beta}_1,...,\hat{\beta}_n$ 满足下面各式：

$$\frac{\partial Q}{\partial \beta_0}=-2\sum(Y-\hat{\beta}_0-\hat{\beta}_1X_1-\hat{\beta}_2X_2-...-\hat{\beta}_nX_n)=0$$

$$\frac{\partial Q}{\partial \beta_1}=-2\sum(Y-\hat{\beta}_0-\hat{\beta}_1X_1-\hat{\beta}_2X_2-...-\hat{\beta}_nX_n)X_1=0$$

$$\frac{\partial Q}{\partial \beta_2}=-2\sum(Y-\hat{\beta}_0-\hat{\beta}_1X_1-\hat{\beta}_2X_2-...-\hat{\beta}_nX_n)X_2=0$$

...

$$\frac{\partial Q}{\partial \beta_n}=-2\sum(Y-\hat{\beta}_0-\hat{\beta}_1X_1-\hat{\beta}_2X_2-...-\hat{\beta}_nX_n)X_n=0$$

我们以二元线性模型为例，推导过程略，估计参数为：

$$\hat{\beta}_0=\bar{Y}-\hat{\beta}_1\bar{X}_1-\hat{\beta}_2\bar{X}_2$$

$$\hat{\beta}_1=\frac{(\sum X_{1i}Y_i)(\sum X^2{}_{2i})-(\sum X_{2i}Y_i)(\sum X_{1i}X_{2i})}{\sum X^2{}_{1i}\sum X^2{}_{2i}-(\sum X_{1i}X_{2i})^2}$$

$$\hat{\beta}_2=\frac{(\sum X_{2i}Y_i)(\sum X^2{}_{1i})-(\sum X_{1i}Y_i)(\sum X_{1i}X_{2i})}{\sum X^2{}_{1i}\sum X^2{}_{2i}-(\sum X_{1i}X_{2i})^2}$$

其中 Y_i 是各样本的值，X_{1i} 是各样本中自变量 X1 的值，X_{2i} 同理。

同一组样本可以选择多种模型，因此，各模型的拟合精度肯定是不同的，像一元线性回归一样，多元线性回归也需要对模型评优，以判断哪个模型更合适。对回归模型评价有两个标准，一个是模型的精度，另一个模型的简洁性。模型的精度大伙儿都知道，就是对样本的拟合优度。简洁性是指变量越少越好，但前提是得保证模型的精度，不能为了减少变量的数量而损失了模型的精度。相反，变量越多，模型的研制和维护成本会增加。

对模型精度的测量的指标主要包括复相关系数、复判定系数等。

1. 复相关系数

同一元线性回归的相关系数类似，复相关系数用于判断多个自变量和一个因变量之间是否保持线性关系，复相关系数公式是：

$$R = \frac{\sum (Y_i - \overline{Y})(\hat{Y}_i - \overline{Y})}{\sqrt{\sum (Y_i - \hat{Y})^2 \sum (\hat{Y}_i - \overline{Y})^2}}$$

2. 复判定系数

多元线性回归方程复判定系数的计算公式是：

$$R^2 = \frac{SSR}{SST} == \frac{\sum (\hat{Y} - \overline{Y})^2}{\sum (Y - \overline{Y})^2} = 1 - \frac{SSE}{SST} = 1 - \frac{\sum (Y_i - \hat{Y})^2}{\sum (Y_i - \overline{Y})^2}$$

4.13 非线性方程

尽管我们之前介绍的都是线性回归，但在实际问题中很少是线性模型能搞定的，大多数问题更适合用曲线模型，也就是自变量和因变量之间呈现某种非线性关系，这时候应采用适当的曲线模型来表达变量之间的关系。想想看也是，如果所有问题全可用线性回归解决的话，那直接用平均数就行了，大回归分析的优势何在，因此，本节会介绍一些较常用的曲线模型。

虽然直觉上非线性回归显得复杂很多，但我们介绍的非线性模型是可以使用线性模型的解法。按照自变量的数量可以把非线性回归分为一元非线性回归和多元非线性回归两类。在这其中有一部分非线性模型可以转换成线性模型，这部分非线性模型属于线性模型的扩展，因此，可以通过线性模型的方法来解决非线性模型的问题。下面是一些可以用线性回归方法解决的非线性模型。

1. 指数曲线模型

指数曲线是我们高中就学过的，模型形式为：$Y = ab^x\varepsilon$，图形如图 4.40 所示。

这两个图中 x 和 y 的关系显然是非线性的，当样本的散点图如上所示时，我们就可以利用指数曲线进行回归。

我们进行指数曲线模型参数的估计的一般作法是，对指数公式等号两侧同时取自然对数，结果如下：

$$\ln Y = \ln a + bX + \varepsilon$$

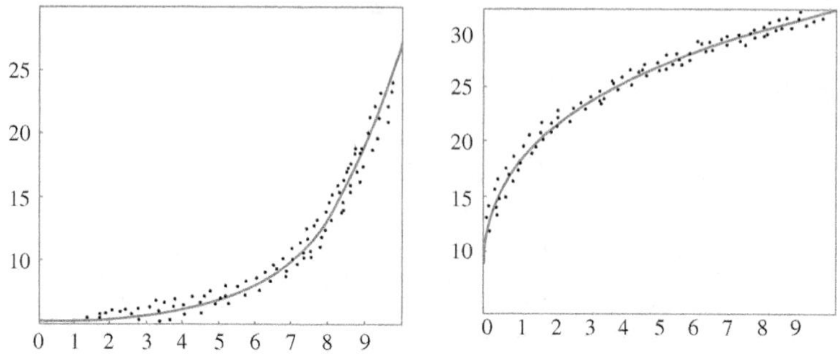

$b>0$　　　　$0<b<1$

图 4.40　指数曲线

之前我们说过用线性模型的方法来解决非线性模型的问题，如何转换这层关系呢？可以令 $\ln Y=Y^*$，$\ln a=a^*$，代换后上述公式则变为：

$$Y^*=a^*+bX+\varepsilon$$

经过这样的变换，指数曲线变成了直线方程，因此可以采用最小二乘法估计参数 a^* 和 b，然后再取 a^*的反对数，从而可获得原来指数曲线方程中的参数 a。

当然，上面的指数曲线比较简单，仅包括一个自变量，实际问题中模型可能同时存在多个自变量，如柯布-道格拉斯函数，其形式是：

$$Y = AK^{\alpha}L^{\beta}e^{\varepsilon}$$

对于这个多元非线性模型，我们同样无法直接用最小二乘法估计其参数，因此，必须先将其转换成线性模型，可以对上式等号两边取对数，结果为：

$$\ln Y = \ln A + a\ln K + \beta\ln L + \varepsilon$$

接下来通过等量代换对其线性化处理，令 $Y^* = \ln Y$ 、$\ln A = a$ 、$X_1 = \ln K$ 、$X_2 = \ln L$，替换后公式：

$$Y^* = a + aX_1 + \beta X_2 + \varepsilon$$

变换成直线后就可以利用最小二乘法做线性回归了，然后再反求原方程中的参数即可。

2. 对数曲线模型

对数曲线模型的基本形式是：

$$Y = a + b\ln X + \varepsilon$$

如图 4.41 所示，这是参数 b 大于 0 时的图形，换句话说，如果散点图的形式如下所示，您可以用对数曲线模型做非线性回归。

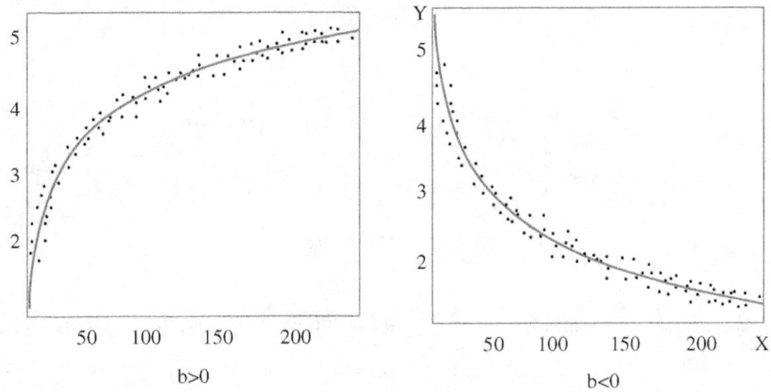

图 4.41 对数曲线

还是要先进行等量代换以线性化处理，然后才能利用最小二乘法，具体方法是：令 $X^* = \ln X$，替换后原对数方程变为直线方程：

$$Y = a + bX^* + \varepsilon$$

然后就可以利用最小二乘法了，求原对数曲线的参数 X。

3. 双曲线函数模型

双曲线函数模型的形式为：

$$y = 1 / (a + bX + \varepsilon)$$

图形如图 4.42 所示。

令 $Y^* = 1/Y$，转换后：

$$Y^* = a + bX + \varepsilon$$

然后就是利用最小二乘法进行参数估计。

4. 多项式曲线模型

多项式曲线模型的表达式为：

$$Y = b_0 + b_1X + b_2X^2 + \ldots + b_nX^n + \varepsilon$$

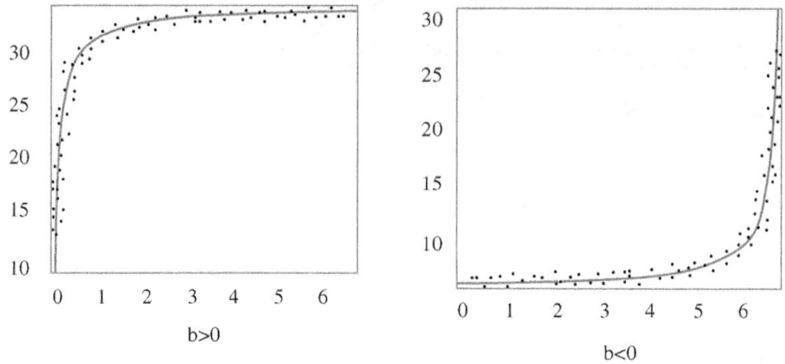

图 4.42　双曲线模型

最高次数为 2，则为二次曲线，即抛物线，如图 4.43 所示，最常用的就是二次和三次多项式曲线。

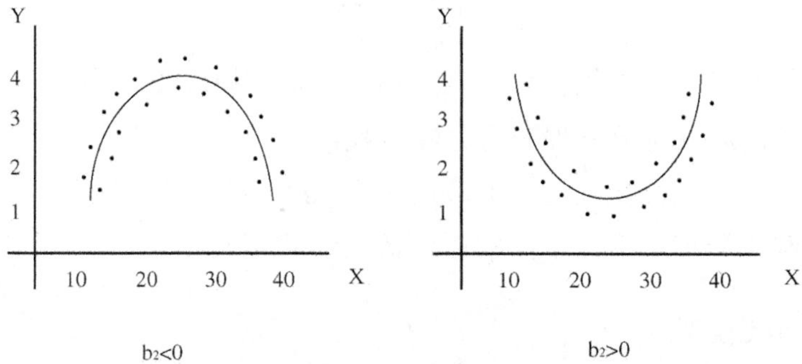

图 4.43　一元二次多项式

用一元二次多项式举例，令 $X_1=X$、$X_2=X^2$，则二次多项式可转换为二元线性模型：

$$Y = b_0 + b_1X_1 + b_2X_2 + \varepsilon$$

之后便可采用二元线性回归的方法。

下面是三次回归模型，其图形如图 4.44 所示。

三次回归模型公式为：

$$Y = b_0 + b_1X + b_2X^2 + b_3X^3 + \varepsilon$$

对其线性化，令 $X_1 = X$ 、 $X_2 = X^2$ 、 $X_3 = X^3$，上式变换为三元线性回归模型：

$$Y = b_0 + b_1X_1 + b_2X_2 + b_3X_3 + \varepsilon$$

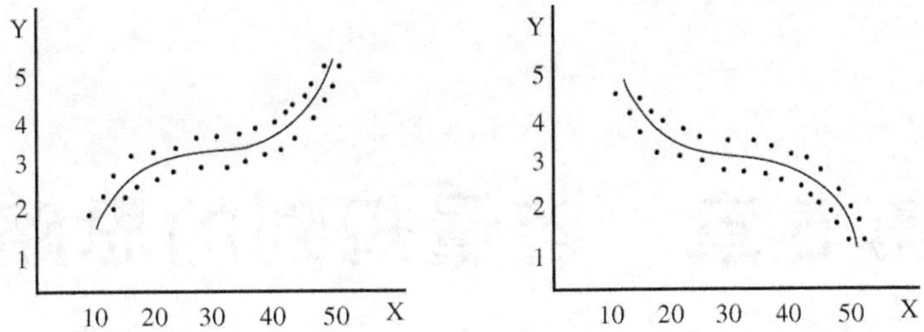

图 4.44 一元三次多项式

接下来按照三元线性回归方程去求解系数，前面我没介绍，原理是通用的，读者自己求证一下。

以上只列出了部分模型，类型的模型还有龚伯兹曲线等，本书只介绍方法，读者在实际业务中灵活运用，总之，容量管理的核心在于建模，模型的选择及正确的求解才是最关键的部分。

第 5 章　容量规划的思路

5.1　用回归分析实现容量规划

要介绍核心方法之前，我们需要了解目前的业务是用什么来衡量的。

- 对于计算密集型的业务是要用 CPU 使用率来衡量。
- 对于 I/O 密集型的业务是要用磁盘使用率来衡量。
- 对于传输密集型业务是要用网卡使用率来衡量。
- 对于缓存密集型 ogtk 是要用内存使用率来衡量。

由于 I/O 密集型的业务通常用于存储，数据在录入磁带后将从硬盘上删除，这样磁盘空间就腾出来了。而磁带又是刚需，通常会采购一大批空白磁盘以备用，不需要太多预测。而内存不够用时，操作系统会把硬盘当做虚拟内存来解决物理内存不足的问题，似乎并不是很紧迫。为简单起见，网卡带宽我们暂时不考虑，由于任意类型的业务都或多或少地消耗 CPU 资源，因此，我们的容量规划将用 CPU 使用率来衡量。

一个很直接自然的想法是，在请求正常处理的情况下，请求访问量越大，处理器使用率越高。可以认为，访问量是驱动整个系统运行的入口。比如，来自浏览器的一个请求，可能将会带动后台所有模块的运行。于是可以这样认为，处理器利用率是访问量的函数，即访问量是自变量 x，处理器利用率是因变量 y。所以，实现容量管理系统的关键是找出访问量与处理器利用率之间的关系。然后这种关系是通过大量的数据样本回归得到的，总之一句话，根据采样数据，找出其中关系的方法就是回归分析，所以，容量管理系统的核心思想就是回归分析。

回归分析也分多种，这是按照方程中自变量的数量和方程本身的性质来划分的，比如方程若是线性的，就称为线性方程，若是非线性的，就称为非线性方程。若方程中自变量是一个，就称为一元（非）线性方程，若方程中自变量个数是两个以上，就称为多元（非）线性方程。由于我们的业务通常是只有一个入口，大多数是前端的WebServer，访问量是唯一驱动后端所有集群的因素，也就是自变量只有一个，所以，我们只需要采用的是一元线性回归和一元非线性回归。也许有人会说，我们公司业务比较复杂，产品线中有多个流量入口，还能用这套方法吗？是否要用多元方程？这里有一个问题要说清楚，多元是指不同的自变量，它们之间相互独立且不能互相转化，在计算机中是指不同的驱动因素，比如网站的访问量和机房故障率这两种完全不同的因素，但让 CPU 利用率上升的始终是访问量这唯一的一个因素，虽然我介绍了流量入口，但回归分析与多少个流量入口是没关系的，它只与访问量有关，无论有多少个入口，最终是用总的流量驱动同一组后端模块，因此，依然可以套用一元（非）线性回归，只不过是要获取各入口流量之和作为 x。多说一句，最好不要试图用各入口流量分别回归再累加，因为对于同一组后端模块，很难将各入口流量对应的 CPU 利用率拆分出来。

话虽然这么说，但数据之间未必都是有相关性的，这通常取决于数据采集的方法及采样数据本身。例如，如果采集数据是一秒钟采集一对“访问量和处理器利用率”，将这样的数据根本无任何规律，甚至在视觉上它们是不相关的，通常情况下是真的不相关，如图 5.1 所示。

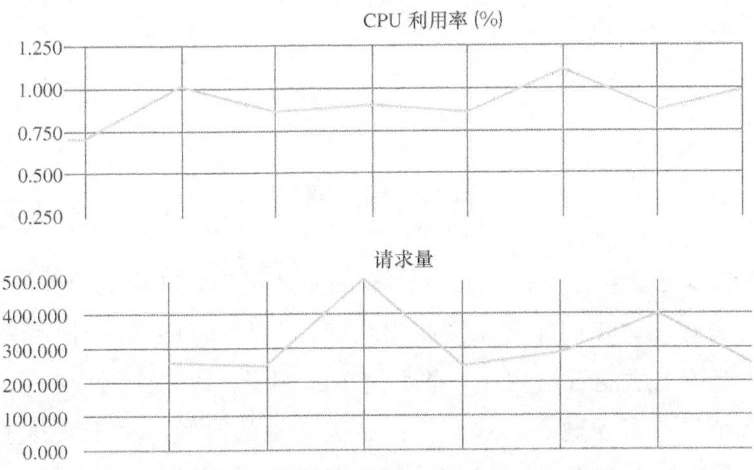

图 5.1　局部非相关

对于这种情况，需要将采集数据的周期改成较大的时间间隔，比如每 6 秒钟采集一次，或者每分钟采集一次，用这段时间访问量的总和或平均值作为参与计算的采样数据，相关性会明朗很多。如图 5.2 所示。

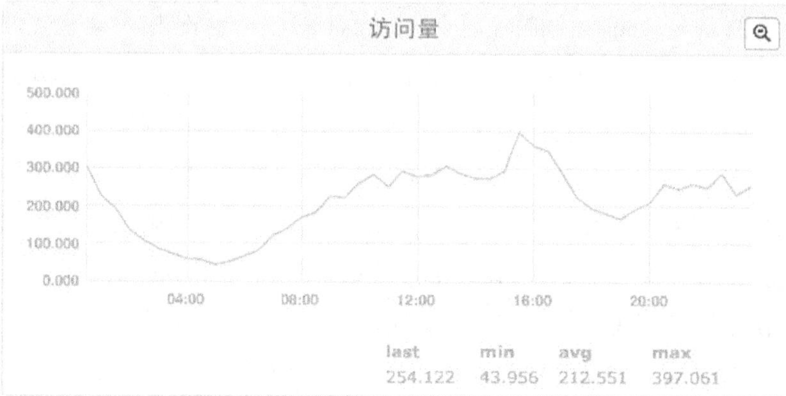

图 5.2 整体上相关

从图 5.2 中明显可以看出这两张曲线大概的走势类似，也就是相关性看上去更强了。毕竟，只有看上去有规律我们才会试图找出规律。为什么可以这样做呢？因为规律不属于局部，只有从整体上才能看出规律。举个简单的例子，比如生活中某个女孩比较木纳，丝毫察觉不到有个男孩喜欢她。当这个男孩子关心她的时候，由于女孩子太木纳了，察觉不到男孩子对她有意，于是无动于衷。男孩子并不放弃，再接再厉地向女孩子一次次献出自己的爱心，女孩子终于发觉到："哎？是不是这个男孩子对我有意思？"于是不再无动于衷，表示很开心被人关心。我们可以简单理解，当男孩子关心女孩子的时候，无论女孩子多"单纯"，只要关心的量积累到一定程度，女孩子一定会为之所动，我们可以把这个例子运用到容量规划中，也就是用某段时间周期访问量的总和作为样本数据。由于在多数情况下都可用平均值表示"常态"，因此，也可以用某段时间周期的平均值作为样本数据。总之，无论用平均值还是用总和，最终在回归方程中代入的自变量也要和产生回归方程的样本数据的单位统一。

虽然我是用生活中的例子来解释这一点，其实这一点也是在观察中得到的，将数据放大时，比如查看 5 秒内的访问量，我们通常看到的是锯齿状的曲线，但将其缩小时，比如按小时级别来查看访问量，这时候曲线就呈现出光滑、连续的形态，并且展现出很强的相关性。当然，曲线在视觉上变得平滑，这通常是图形软件处理后的结果，一种可能的处理方法是将这段时间内的平均访问量作为更大采样周期的绘图值。所以，找到合适的采样周期也很关键，这一点根据模块的不同，逐渐尝试吧，目前确实没有好办法。

另外，并不是所有的数据都能直接拿来做分析，在数据中会有噪音数据，它使采样数据变得不那么平滑，显得"难以理解"。而噪音有可能是由模块影响的，也有可能是运维人员在机器上直接执行了某个命令造成的，所以，我们在数据分析之前，一定要将这些影响评测的噪音数据去掉。

哪些数据属于噪音呢？

采样数据中，突出的部分，比如图 5.3 所示。

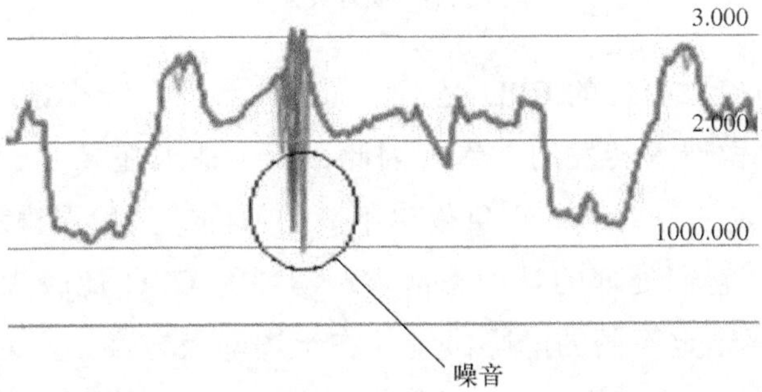

图 5.3　噪音数据 a

哪些情况会造成数据噪音？

- 网络抖动

网络突然不可用，所以流量陡然下降，处理器利用率陡然下降。

- 运维人员在机器上操作

比如临时运行一个脚本做统计，处理器利用率 100%。

- 定时任务

定时清理磁盘。

怎样去除噪音数据呢？如何降噪呢？

数据曲线应该是平滑的，所以目前的方法是，遍历所有采样数据，按照访问量来递增排序，只要发现访问量增长不大，但 CPU 利用率突然变大或变小，对于这种数据就丢弃不要。

图 5.4 中画圈的部分是 CPU 利用率陡增的情况，这种 CPU 样本数据会影响回归分析，建议在清洗样本时去掉。

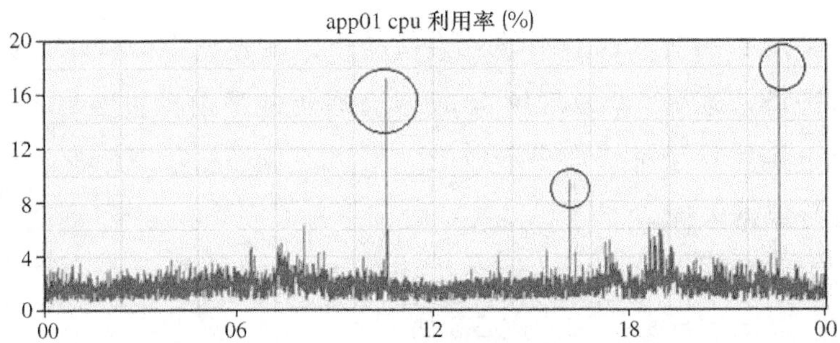

图 5.4 噪音数据 b

补充一下，不同模块消耗的 CPU 是不同的，比如对于一个请求，nginx 处理的是静态部分，通常它也只做请求转发的工作，因此，一个请求在 nginx 消耗的 CPU 并不大，这就是 nginx 每秒并发 3 万时，机器负载也不高的原因。其后端模块通常是 cgi，有可能是 Python、PHP 等，它们处理的是动态请求，消耗的 CPU 比较大，因此，针对不同的 CPU 密集型模块，要制定不同的降噪级别，在上述降噪方案中，对于 CPU 利用率的突变（升高或降低）要给予一定的加权。比如 nginx 的请求数为 1000 时有可能才消耗了 1%的 CPU，但 PHP 的请求数为 100 时就可能消耗了 5%左右的 CPU。这一点要结合实际业务情况处理，总之建模过程要不断迭代、修正。

除了噪音外，还有一些样本数据会影响拟合的正确性。回归是用大量的样本数据来拟合出方程，因此，为了方程的正确性，这些样本必须能反映出大多数请求。通常情况下一些模块都有缓存或预编译的功能，就拿 Java 虚拟机来说，首次请求一些类文件时会有个编译的动作，此时消耗的 CPU 资源肯定很高，之后的请求就不需要再编译了，消耗的 CPU 仅是代码指令中对应的部分。另外系统内部都会使用缓存，这通常是为了加速请求的处理，首次的请求结果通常会被缓存起来，以后遇到相同请求时，直接返回缓存中的结果便可，无须再重复处理，当然这是指在缓存失效时间之内。在程序结束时，一般的解释器（Java 虚拟机在这层意义上也算解释器）在退出时会做资源回收等收尾工作，因此，也会造成 CPU 利用率升高，这已不属于正常请求所消耗的 CPU 了。以上两个例子说明，在模块开始工作和结束工作时，程序消耗的 CPU 肯定会很高，通常这不是正常的请求造成的 CPU 消耗，除两头之外的中间部分才是能反映出大多数情况下的访问量和 CPU 消耗，我们要用中间这段的数据来做回归，此时的数据为段中数据。其实不光我们要用段中数据，连医学检查中也要用样本的段中部分，就是为了严谨科学。

有关样本还有最后要补充的，那就是对于那些 CPU 已经利用满的样本是不具备参考价值的，原因是，按理说访问量越大，CPU 利用率越高。当 CPU 已经利用满时，无论访问量再怎样上升，CPU 利用率都不会再有所上升，也就是并未反映出对应请求量的 CPU 使用率，因此这类样本必须要丢弃。

一般服务器有多个 CPU 核心，比如 24 核。程序被加载器加载到内存后，调度器会安排一个 CPU 去执行该程序的指令。每个 CPU 都有自己的内部缓存（如 L1、L2 甚至 L3），缓存中的数据目的是增加指令的命中率，避免到低速的内存中获取指令，将一个 CPU 核心缓存中的数据复制到另一个 CPU 核心中是要花时间成本的（有的 CPU 架构干脆不复制这些缓存数据），因此，即使服务器有多个 CPU 核心，调度器也不会随意地将程序从一个 CPU 上挪到另一个 CPU 上。可以认为，一个进程只会在一个 CPU 上运行，在正常情况下并不会在所有核心上来回移动。那多核 CPU 有什么用呢？肯定是用在并行上。并发和并行是两个概念，并发是指一段时间任务的累积量，比如一秒内 HTTP 请求是 3000 个，这里 1 秒的并发就是指 1000。并行指的是任意时刻的任务数，这是真正意义上的“并发”，多核 CPU 就是用来处理并行。一个 CPU 在任意时刻只能执行一个任务，多核 CPU 自然可以同时执行多个任务。当任务数大于 CPU 核心数时（这很正常），一个 CPU 上必然会以轮换的方式“伪并行”执行多个任务，当程序所在的 CPU 核心比较繁忙时，比如利用率 100%了，调度器就会将该任务调度到其他有空闲资源的 CPU 核心上继续运行。任务在任意时刻只会在一个 CPU 上执行，因此，这里所说的 CPU 利用满是指某个 CPU 核心被利用满。那怎样判断某个 CPU 核心是否利用满呢？后面我们写监控程序时就知道了。

顺便说一句，由于有多个 CPU 核心，CPU 利用率经常会出现超过 100%的情况，这取决于 CPU 利用率的计算方法，如图 5.5 所示。

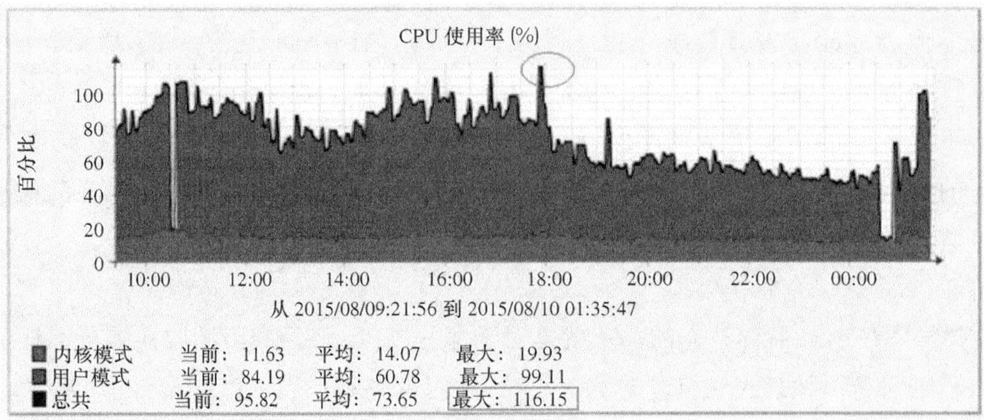

图 5.5 CPU 利用率超过 100%

5.2 建模公式介绍

访问量是驱动整个系统运行的入口。比如，来自浏览器的一个请求，可能会带动系统前台、后台所有模块的运行，当然这话不严谨，对于集群，请求还是只落入其中一台服务器上面。一般情况下，访问量（流量）越大，处理器使用率越高，本书中的容量管理系统以 CPU 利用率作为容量度量。

回归分析也分多种，前面约定过，由于我们业务中自变量只有一个，就是访问量，所以，需要采用的是一元线性回归或一元非线性回归等。

虽然在正常情况下，访问量越大，CPU 利用率越高。不过也会出现访问量越大 CPU 利用率反而下降的情况，这分为单个模块和整机两种情况。

- 模块访问量大到一定程度时，有可能 CPU 利用率会低。

模块配置了最大执行时间，访问量过大时，请求执行时间过长，模块自动将请求中断，所以导致模块占用的 CPU 下降。

- 整机 CPU 利用率也有可能会随着访问量的升高而下降。

这通常出现在有屏蔽流量模块的服务器中，有一些恶意用户会怀着不法的企图去访问网站，为保护网站的正常运行，必须屏蔽掉这些非法流量。通常那些非法请求达到一定量时会触发封禁模块的相关策略，此时封禁模块会发威，将请求忽略不做后续处理，因此，整机的 CPU 利用率会下降。不过有可能的是，该屏蔽模块的 CPU 利用率会上升，但不会上升很大，因为屏蔽模块所做的工作很简单，类似调度器那样做请求转发。

对于以上“访问量越大 CPU 利用率越小”的情况，这本身也会引起服务的不正常，我们会在模型中做出判断，找出导致 CPU 利用率下降的访问量。因此，我们只会用到正相关的函数。

下面是针对正相关的常用的回归方法。

- 一元线性回归方程

一元线性回归方程是我们最常用的线性回归模型，它用来表示一个自变量和一个因变量之间的线性关系，也就是用直线方程 y=kx+b 的形式来确定一条直线。当 k 和 b 确定时，即成为一元回归线性方程。

举个例子，我们可以利用 Excel 软件，利用它的散点图功能，把部分样本数据在直角坐标系中绘制，形成散点图，如图 5.6 所示。

如图 5.6 所示，这些采样点也许有着相同的发展趋势，我们可以在这些数据中找到一条拟合的直线，这条根据样本数据拟合产生的直线就是回归直线，我们把表示这条拟合直线的方程称为一元线性回归方程。对于这条直线方程 y=kx+b，其中参数 k 和 b 是拟合常量，x 和 y 也是拟合的变量。

以下的几种属于非线性模型也较常用，它们都可以化解为线性解法，这包括指数曲线模型、对数曲线模型、双曲线函数模型、多项式函数模型。

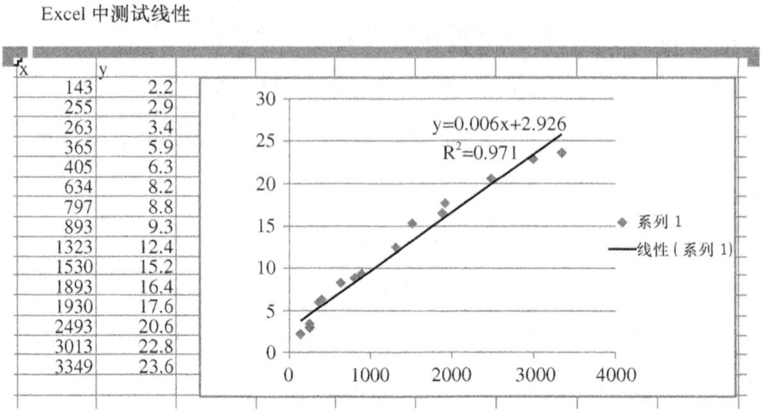

线性回归法：y=k*x+b

图 5.6 利用 Excel 绘制散点图

在前面介绍回归分析的章节中已经和读者说过了，回归分析最好要提前确定好方程形式，比如某个模块（如 nginx 或 lighty）呈线性相关，那么最好用 y=kx+b 这种形式的线性方程去回归，而不是采用 $y=ax^2+bx+c$ 的抛物线形式，抛物线毕竟是一个弧线，有一定的曲率，用弧线去适配直线的数据，弧线的曲率一定会非常大，而且拟合精度也会失真。相反，该用非线性的方程就不要用直线，否则同样会失真，如图 5.7 所示。

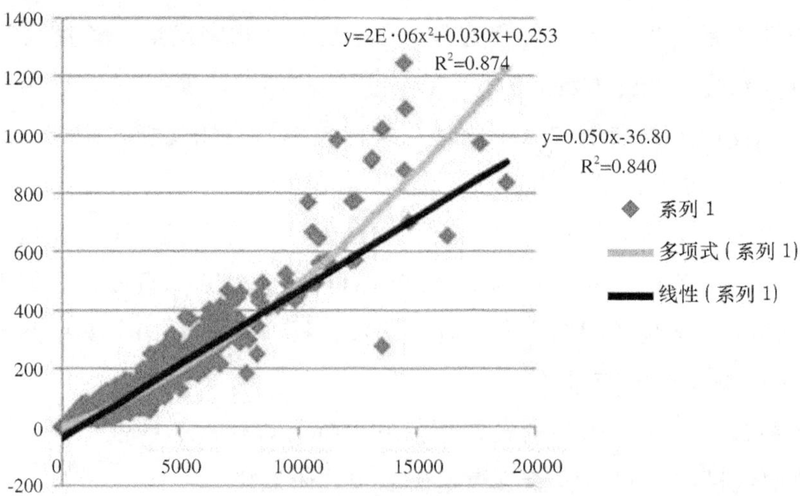

图 5.7 确定合适的模型

从图 5.7 中看到，同样一组样本，分别用了两条线来拟合，上面的曲线是一元二次多项式，下面是直线方程，而且判定系数 R^2 更大一些，显然直线方程效果不如一元二次曲线。

这有点类似我们用眼看地面是平的，但地球表面是个曲率很大的圆弧，用直线来近似表示地面也只能是小范围内有效，毕竟短距离内地面接近于平坦，距离一长，弧线就显现出来了。

以上所述就是想告诉大家，最好预先确定好采用的回归方程，怎么做呢？有两种方法来判定：一种是把用于回归建模的采样数据先在图形软件中绘出散点图，如 Excel 就有这个功能，观察图形的形态，看其接近于哪种曲线就采用哪种，如图 5.8 所示。

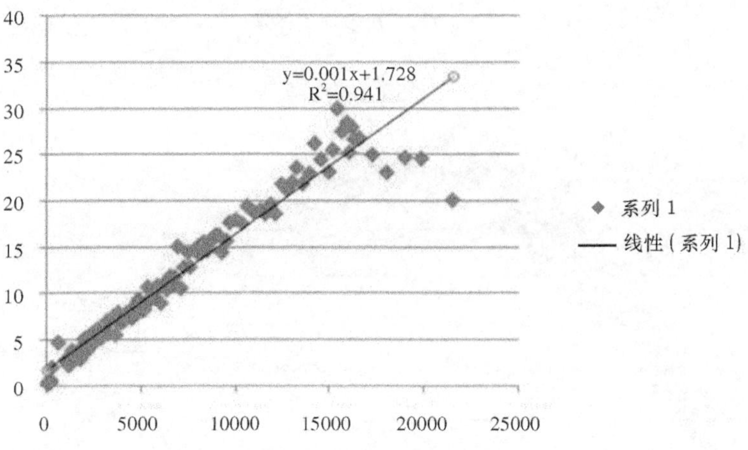

图 5.8 线性样本

对于这个图形，很直观地认为，可以用直线方程来拟合，如图 5.9 所示。

这组样本，用直线和曲线似乎都可以，但有曲线貌似更吻合。这个例子不明显，下面来个显而易见的实例，如图 5.10 所示。

这组样本很明显，肯定要用抛物线了，直线必须是不满足要求的。

另外一种就是通过数学方法来判断，建议数学功底较好的读者采用，在此就不介绍了。不过我们可以对同一组数据采用多个方程分别回归，找出拟合优度最高的方程就可以了。

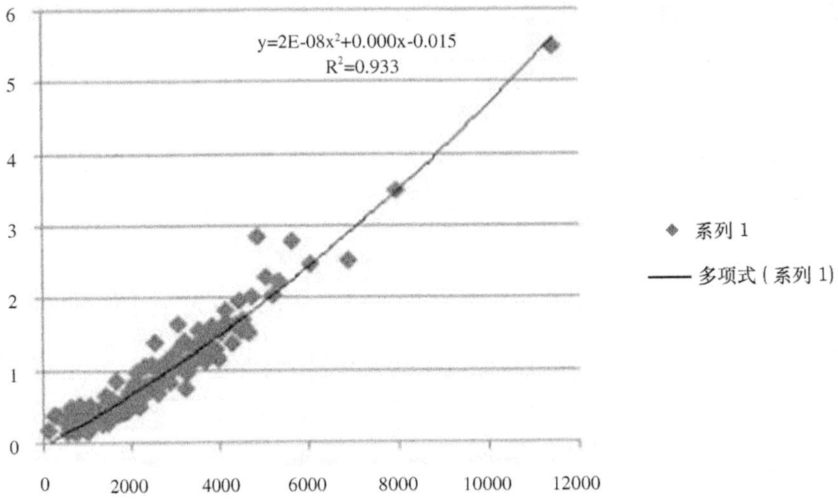

图 5.9 二次多项式样本

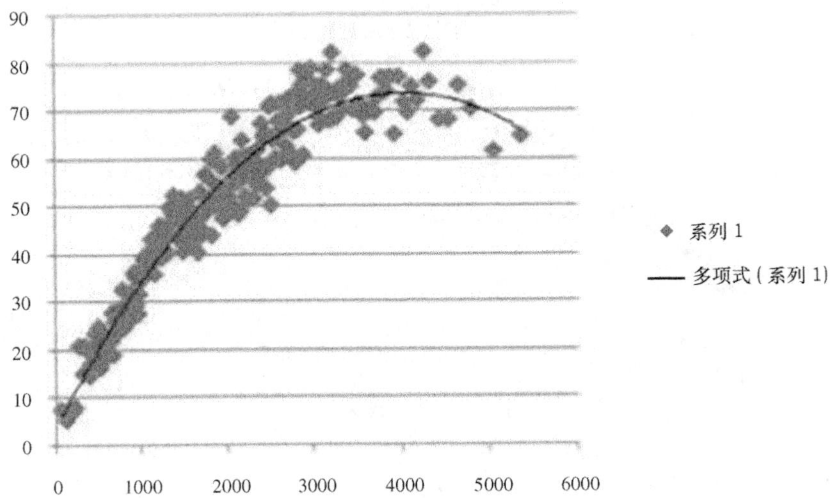

图 5.10 抛物线样本

5.3 获取样本

容量规划最重要的一点是找出访问量与计算机资源消耗的关系，这个关系最终表现为一个公式。因为每个样本数据中包括了请求量与相应资源消耗的对应值，为了找出这层关系是什么，需要从大量样本数据中通过计算才能总结出来。样本数据必须是提前准备好的，因此要利用到监控系统。

我们之前说好了用 CPU 利用率作为容量度量，现假设请求量是 x 和 y 为 CPU 利用率，为找出 x 与 y 之间的关系，我们要从监控系统中一一获取匹配的监控数据，如(x1,y1),(x2,y2)…(xn,yn)。样本数据越多，拟合出来的公式就越准确。通常我的样本数据周期粒度是 6 秒钟，然后用一天的数据样本做回归，您看，样本数据还是很多的，当然，经过数据清洗之后还会筛选出一部分样本。

5.3.1 CPU 利用率的估算单位

读者知道，CPU 利用率常被分为两类，一类是整机的 cpu_idle，也就是整机的 CPU 利用率，另一类是模块的 CPU 利用率，这里的模块是指在服务器上运行的任务，如 Server 或普通进程。

实际上，我们在服务器上实际部署的 Server 数量基本上是大于 1，为了提高服务器利用率，即使是同一 Server 也要多实例部署，我在百度工作的时候，就曾在一台服务器上部署过 8 个 Tomcat 系统，就是这样处理，服务器还“表示”毫无压力呢。当然，有的公司为了方便管理，一台服务器会只部署一个 Server，总之在不考虑资金的情况下，两种部署各有各的好处。但容量规划就是为了解决服务成本和服务质量的矛盾，因此万万不能接受后者这么浪费资源。于是引出了下面的话题——我们到底是针对服务器上的 Server 模块来做回归分析，还是用整机呢？换句话说，CPU 利用率的估算单位粒度是什么？

在图 3.3 和图 3.5 可以看出入口流量对整体 CPU 和模块 CPU 都有关联，那我们的回归估算粒度既可以针对机器整体 CPU 利用率，还可以针对模块的 CPU 利用率，将所有模块的 CPU 利用率加起来便是整机的 CPU 利用率。下面分析一下两种方式的利弊。

1. 对机器整体占用资源情况的评估

（1）利：

① 对机器整体进行评估，只考虑整机的 CPU 利用率，可以减少模块级别 CPU 利用

率的累积误差；

② cpu idle获取较容易；

③ 大多数公司的运维人员都只关注整机的资源利用率。

（2）弊：

① 服务器性能很高，而流量压力较小时，无法做出正确的评估，此方法主要适用于流量大的产品线。

比如火车可以拉500吨的货物，当它拉10斤和拉500斤时，火车的"感受"

其实是一样，在这两种小重量的负载下，火车速度没区别，其速度并不受这点小重量的影响（当然这可能只是测量精度不够的原因），因此，无法从小重量货物中找出载重量与火车速度的关系。

② 非服务模块会导致整体CPU利用率增加，这会干扰估算的准确性。

一台服务器上肯定除了部署各种Server进程处，还会有一些周边服务的daemon进程，比如定时执行的程序，这些程序要周期性地维护服务器，所以，它们也要消耗系统资源（包括CPU）。另外，运维人员还要在服务器上执行各种命令做线上维护，这些命令肯定也要占用系统资源，因此，数据样本中包括了与实际请求无关的资源利用率，这必然会影响公式的正确性。

③ 如果服务器上有运行和业务无关的服务，这将受很大干扰。

有的服务器上会部署一些和业务无关的服务，看似有些莫名其妙是吧，但其实还算正常，比如有的公司为了提升服务器利用率，在所有服务器上都安装了某种daemon程序，此daemon程序会检测服务器繁忙程度，当服务器的负载低于某个阈值时就会运行一些计算任务，此任务必然会造成硬盘资源利用率的上升，因此，这类与业务无关的服务对整机利用率有直接影响，这给业务相关的容量估算带来很大干扰。

2. 对各模块占用资源情况的评估

（1）利：灵活，整体资源消耗可以自由拼装。

（2）弊：系统默认的CPU利用率采集工具不好用，要写针对模块级别的CPU监控程序。

虽然整体CPU测算相对比较容易，但为了灵活性和准确性，这里采取模块级别的估算，因此必须要写监控程序来获取CPU利用率。

结论：无论采用整机级别还是模块级别，最终是找到访问量与 CPU 利用率的关系，因此两者都可以，大家还是结合自己的业务做出选择。

5.3.2 样本采样的周期粒度

样本数据来自于监控，而监控是通过两次周期性获取当前值、然后取这两个值的差获得的，因此，必须要有个采样周期的时间单位。时间单位过大或过小都会影响样本的相关性。这就像任何图形在宏观上看都较平滑，而在微观上都是像锯齿一样粗糙，如图 5.11 所示。

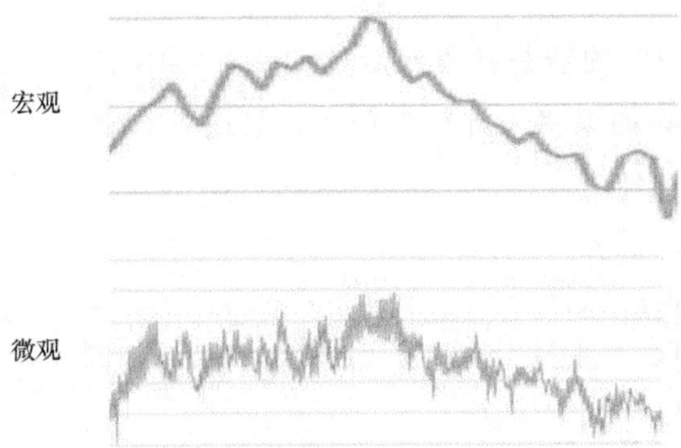

图 5.11 微观上不相关，宏观上相关

大家肯定有这样的经验，监控周期比较小时，实际的监控图都是锯齿状，即使把访问量和 CPU 利用率的监控图叠加到一起比对也看不出它们之间有什么关系，只有按更大的时间周期来显示监控数据时，监控曲线才会显示出平滑，并且才能较容易看出访问量和 CPU 利用率之间呈相同的趋势。

由于请求量和 CPU 利用率是单位时间量，就像速度一样，它们必须累计一段时间后才能获取，因此，必须要确定一个合适的时间间隔，每隔单位时间就采集一次。

以上说明样本采样周期是至关重要的，它很大程度上决定了样本的相关性，因此，必须找到一种合适的采样周期，使“粗糙”的数据看起来“平滑”，从而可以通过样本拟合出合适的公式。这个采样周期多少才合适需要在实际应用中测试，目前暂定为 6 秒。

如果您亲自实践过就会发现，样本采样周期越大，线性相关性越强，但有可能影响了样本原本的曲线趋势，就像用直线来代替原本曲率很大的弧线一样，会有一定的精度误差，如图 5.12 所示。

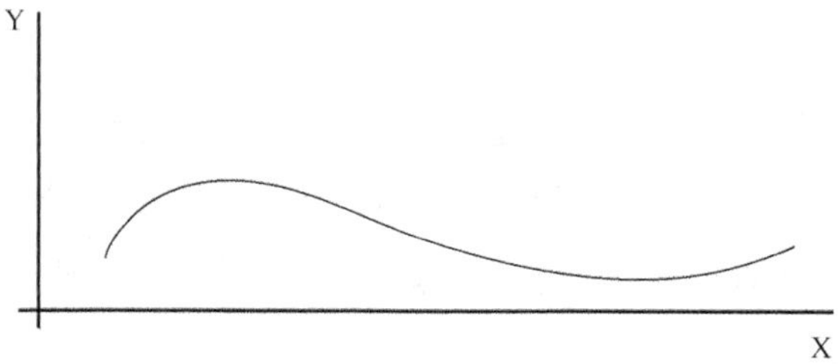

图 5.12 无数样本组成的曲线

您看，假设这张图中的曲线是样本组成的曲线，样本密度非常大（假设一秒一个样本），显然用直线不合适。如果将采样周期放大，假设为一分钟一个样本，于是新的样本就变成了图 5.13 所示的图像。

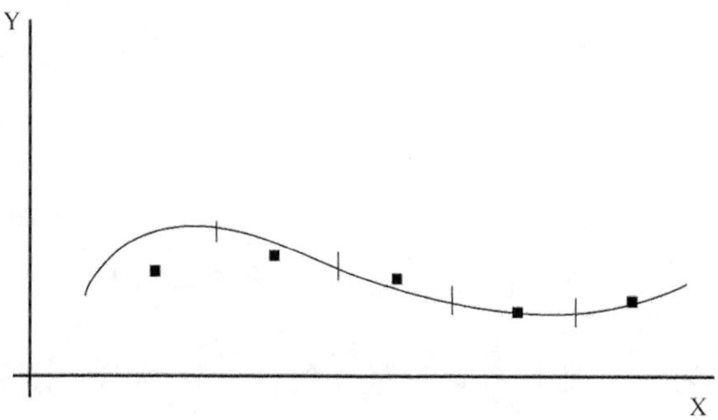

图 5.13 分段取样本平均值

将样本扩大到每分钟，图 5.13 中的点便是一分钟内样本的平均数，接下来可以对这些圆点做线性回归啦，如图 5.14 所示。

图 5.14 中的直线便是经过处理后的回归直线，可以用这个直线粗略地估计原来的曲线趋势。其实本图的曲线例子有些极端，通常情况下样本并不会呈现这样的趋势，经常是抛物线或反曲线等，不过您懂的，这里仅仅是为了说明问题。

总之实践出真知，具体的采样周期还是要结合业务从实践中找到最优。

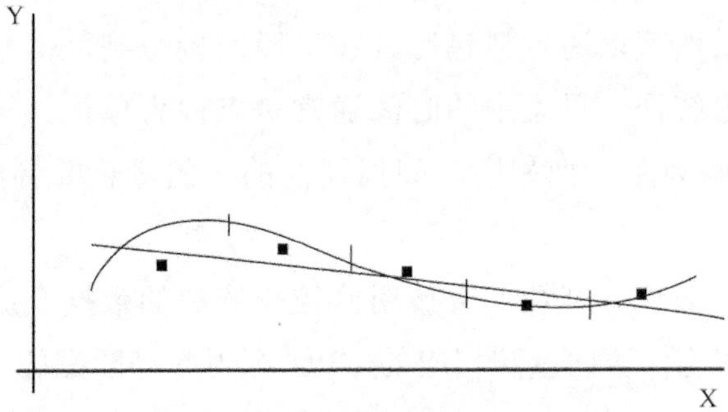

图 5.14 用直线代替曲线

5.3.3 样本的生成

访问量与计算机资源消耗量之间的关系是用无数样本数据生成的。

前面说过，样本是一对访问量和资源使用率组成的，在我们系统中只考虑消耗 CPU 资源的情况，因此，实际的样本是一对请求量和 CPU 利用率组成的。其中，访问量是自变量，CPU 利用率是因变量，访问量驱动 CPU 利用率。

我们可能比较习惯这种写法：(*x*,*y*)，这表示 *x* 和 *y* 是具有某种函数关系的一对坐标。样本中的请求量相当于 *x*，CPU 利用率相当于 *y*，我们是通过大量的样本（*x*1,*y*1），(*x*2,*y*2）…（*x*n,*y*n）来生成公式。一直以来我们只介绍样本的功用，下面讨论一下如何创建样本数据。

样本数据是 *x* 和 *y* 的合并，但 *x*（请求量）和 *y*（CPU 利用率）是在监控系统中分别获得的，咱们需要把它们合并为样本，也就是使它们两两为一组。怎么实现呢？大家知道，每个监控项（如 CPU 利用率、IO 利用率等）都是在不同的时间采集到的，因此，任何监控项都有采集时间，也就是时间戳。一个可行的方案是根据采集时间来合并，只要找到相同时间点的两个监控项便能够把它们合并为样本了。但这只是理想情况，实际情况中大多数时间都不吻合，因为这取决于监控程序执行的时间、采样周期和累积时间量误差，所以最好以时间粒度最小的数据去适配另一时间单位的数据。

容量规划主要是对资源消耗的考量，因此，在样本数据中最重要的是 CPU 利用率，故这里的实现是以 CPU 的采样时间为主，以请求数的采样时间去适配 CPU 利用率的采样点，这么做的另一个原因是：CPU 利用率是以 Interval 为单位，通常情况下 Interval 大于一秒。而请求量虽然可以通过抓包等外在手段间接得到，但毕竟较麻烦，因此，一般是通过模块的日志去统计，日志中的时间通常是以秒为单位。样本数据在合并时，以 CPU 利用率的采样时间为主，把相同时间周期内的访问量合并到相应的 CPU 利用率的时间周期内。

也许您在想，为什么这么麻烦，直接用监控系统中的数据合成样本不行吗？能差多少？我想说的是，应该确保访问量和相应的 CPU 利用率是匹配的，总不能用这一秒的访问量去对应下一秒的 CPU 利用率吧，毕竟严格匹配的监控数据才最适合做样本，采用此方案可以最大限度地使请求量和 CPU 利用率吻合，最大程度地保证获取的样本的正确性。

虽然我们是在做模块级别的容量规划，但这与做整体级别的容量规划（其实更简单）是一个道理，都是通过大量的样本来找出公式，因此，只有提交了正确的样本才有可能拟合出合适的公式。

第 6 章　获取 CPU 利用率

虽然监控系统中也有 CPU 和访问量等监控项，但由于这些系统采集数据的时间不可控，因此，不能够严格保证多种数据采样时间的一致性，这样就无法得到最准确的样本数据，故本章我们写一个小的监控程序。

6.1　时间片与 CPU 亲和力介绍

本节我们先介绍有关 CPU 利用率的部分基础内容。

在计算机中的计时单位是 jiffies，它实际上是以 user_hz 为单位的，user_hz 在大多数系统中被设置为 100，就是时钟一秒钟内发出的中断次数是 100 次，而每一次中断都被视为一个时间片，调度器给进程安排的生命周期是以时间片为单位的，可以简单理解成，进程在 CPU 上执行的时间是由时钟中断发生的次数决定的，在一定数量的时钟中断发生之后，进程就要被换下 CPU 啦。

中断频率是多少呢？在 Linux C 语言中可以用 sysconf(_SC_CLK_TCK)得到这个频率，它的值是一秒的百分之一，即 10 毫秒一次中断。它通常是在设置 PIT(Programmable Interval Timer)时写入计数器的，计数器初始一个正数值，每次递减 1，当计数值为 0 时便会发出一次时钟中断，操作系统利用这个时钟中断为系统计时。因此可以认为，时钟中断便是系统时间的脉搏。

既然提到了时钟中断，上面简单地介绍也许让您意犹未尽，那我就再多介绍一下。

一般的 PIT 是 Intel 8253、8254+等。拿 8253 来说，时钟中断信号是由它内部的计数器 0 负责产生的。不知道大家是否有这样的疑问：计数器 0 多久会发一个中断信号呢？

让我们从头说，这是利用了分频器的原理，将高频的输入脉冲信号 CLK 转换为低频的输出信号 OUT，此信号就是时钟中断信号。当然了，这与计数器的工作方式有关，并不是所有的工作方式都能让计数器周期性地发出中断信号，计数器有很多工作方式，具体咱们不多说了，您只要知道，计数器 0 只有工作在方式 2 下才会产生中断信号。CLK 引脚上的时钟脉冲信号是计数器的工作频率节拍，计数器的工作频率均是 1.19318MHz，即一秒内会有 1193180 次脉冲信号。每发生一次时钟脉冲信号，计数器就会将计数值减 1，也就是 1 秒内会将计数值减 1193180 次 1。当计数值递减为 0 时，计数器就会通过 OUT 引脚发出一个输出信号，此输出信号用于向处理器发出时钟中断信号。一秒内会发出多少个输出信号，取决于计数值变成 0 的速度，也就是取决于计数初始值是多少。默认情况下计数器 0 的初值寄存器值是 0，即表示 65536。计数值从 65536 变成 0 需要修改 65536 次，所以，一秒内发输出信号的次数为 1193180/65536，约等于 18.206，即一秒内发出的输出信号次数为 18.206 次，也就是时钟中断信号的频率为 18.206Hz。1000 毫秒/（1193180/65536）约等于 54.925，这样相当于每隔 55 毫秒就发一次中断。

小总结一下，因为：

1193180/计数器 **0** 的初始计数值=中断信号的频率

所以：

1193180/中断信号的频率=计数器 **0** 的初始计数值

因此，要想使中断信号的频率为 100，计数器 0 的初始计数值应设置为 11932（约数）。

通常情况下，即使计算机中有多个 CPU，程序也只会运行在一个 CPU 上，因为各个 CPU 是独立的，而且程序内部逻辑间是有依赖的，后面的指令往往依赖于前面指令的执行结果，如果把程序拆分到多个 CPU 上运行，程序就无法同步了，因此，这注定了一个任务不能拆分成多个部分实现并行。而且各 CPU 都有自己的一套寄存器和缓存资源，它们是相互独立的，程序中有全局共享数据，如果真要是把程序拆分到多个 CPU 上并行，如何解决 CPU 之间的数据共享呢？所以，通常情况下一个任务在任意时间只能在一个 CPU 上运行。以后我们会通过例子查看这种现象。

大家知道，CPU 从加电起就不停地执行程序计数器所指向的位于内存中的指令，在 x86 架构上的程序计数器是“cs：eip”寄存器。也就是说，处理器不能停下来，它就像人的心脏一样，给予一个最初的跳动，之后便持续不断地跳下去。但计算机中并不是时刻都有任务，当没有任务执行时，CPU 也不能闲着，操作系统会让 CPU 执行一个名为 idle 的任务，它通常是内核线程，idle 的实现是任意的，您可以让它干活，也可以让它执行 hlt 指令将自己挂起，直到中断信号的到来将其唤醒。多说一句，CPU 即使是挂起也不是真正地闲着，它还要做好随时醒来的准备工作，否则中断信号来了它也没反应可怎么得了，挂起只会让 CPU 负载降低。只要操作系统的就绪队列中没有准备运行的任务时，也就是没有状态为 ready 的进程时，操作系统调用器就会执行 idle，因此只要 idle 执行了，就表示系统有空闲。话说我的导师曾写过 idle 任务，它的功能是播放一段歌曲，只要机器一唱歌，大伙儿就知道机器空闲了，感觉很美妙。

每个 CPU 核心都是独立的 CPU，都可独立执行任务，因此，为了避免各个 CPU 无所事事，所有的核心都要运行一个 idle 任务，即各核心自己运行自己的 idle 线程。当某个程序 CPU 利用率是 100%时，这是指它把某个 CPU 利用满了，其他 CPU 跟它没关系，有可能是空闲的，在上面还有精力运行 idle，故整体的 CPU 利用率还是很低的。我们经常看到某个程序的 CPU 利用率是 100%的，但整体 CPU 的 idle 并不为 0，这足矣证明程序只占用一个 CPU。

当系统内任务较多时，比如某两个任务被分配到了同一个 CPU 上运行，当这个 CPU 被利用满时，调度器会选择将待运行的任务放到另外一个 CPU 上执行，也就是说，一个任务可能会在多个 CPU 上来回转移。

由于各 CPU 都有单独的高速缓存（L1、L2 等），里面是任务的数据，为了将进程的一行数据加载到新 CPU 的高速缓存中，首先要使这行数据失效，而这需要时间，因此任务切换 CPU 时会对性能有一定的影响，如果待执行的任务较多，因频繁切换 CPU 而带来的等待数据失效的时间成本就更大了。总之，为防止高速缓存中的数据不一致，多处理器构架不允许一个任务的数据存放到多个 CPU 的高速缓存中，只允许放在一个 CPU 的高速缓存中，因此，一个任务任意时刻只能在一个 CPU 上执行。

既然切换 CPU 是低效的，为了避免任务在多个 CPU 上来回转移，即一会在这个 CPU 上执行，一会在另一个 CPU 上执行，Linux 提供了相关的系统调用 sched_setaffinity()，它可以指定任务在固定的 CPU（一个或一组 CPU）上执行，这种能力叫“CPU 亲和力”，在设置了亲和力之后，系统在条件允许的情况下会将进程重新调度到原来的 CPU 上执行。

6.2 什么是 CPU 利用率

也许您看到本节的标题就会感到莫名其妙，什么！CPU 利用率我都不知道？我用了这么多年的计算机，无论是 Windows、MAC OS 还是 Linux，看过系统无数的我熟知这个概念，还经常用 top 等命令查看 CPU 利用率呢！

好吧，那您先淡定，您说说看，什么是 CPU 利用率？我估计大多数的答案应该类似：CPU 利用率是单位时间内的 CPU 使用量与全部 CPU 资源之比。其实这个答案是差不多的，但还是有些不完美。由于服务器中 CPU 核心个数很多，每个 CPU 都是独立运作的，它们是真正意义上的并行（这是多处理器架构的意义），因此各 CPU 的使用率是独立的，即可以存在这样的情况：有的 CPU 很忙，有的 CPU 很闲。但作为整体来看，服务器上所有 CPU 的利用率可以反映出整机的繁忙程度，我们同样需要从整体上把握 CPU 的使用情况。最重要的是，CPU 是给软件服务的，这是指用户进程等调度单元，我们最关心的是某个进程使用了多少 CPU 资源，也就是进程的 CPU 利用率是多少，因此 CPU 利用率其实分为 3 个粒度来考虑：

（1）单个 CPU 核心的利用率；

（2）整机 CPU 利用率；

（3）进程的 CPU 利用率。

这 3 种 CPU 利用率有各自的算法，通过下面的讨论您便了解各个粒度的 CPU 利用率的概念。

操作系统是以时间片来为系统记时的，它是最本质的时间单位，我们看到的其他更人性化的时间格式都是通过它转换的。需要注意的是，时间片是个累积量，无论是针对 CPU 级别还是进程级别，从操作系统被加载到内存并掌权后，操作系统为它们记录各自的时间片累积数，这个量会一直累积增长，直到关机或进程结束生命周期。比如在 A 时刻，CPU 运行了 10 个时间片，在 B 时刻，CPU 运行了 16 个时间片，在 B-A 这段时间内，CPU 运行了 6 个时间片的时间。对于进程也一样，我们在 ps 命令中看到的进行运行时间，它最初也是时间片，操作系统在进程的 PCB 中用专门的一个字段（通常是 64 位宽度）来记录进程运行的时间片，顺便提一句，这个功能称为进程记账，ps 命令将它获取后再将其转换成我们更熟悉的时间格式。

CPU 利用率是指一段时间内 CPU 消耗的度量，强调的是经过一段时间内测出来的，就像速度一样，其概念是单位时间内移动的距离，即使给飞速行驶的 F1 方程式赛车拍照，也无法从静止的照片上获取其速度，这是同一个道理，这也解释了为什么 top 命令要有个时间间隔，默认是 2 秒。总的来说 CPU 利用率的实现原理是：在单位时间内连续两次采样 CPU 的时间片数，由于其是累积量，因此要取其差以获取增量，然后再经过后续处理得到不同级别的 CPU 利用率。具体是怎样的后续处理，下面分别讨论一下。讨论仅是在原理层面，后面我们有实践的部分。

1. 单个 CPU 核心的利用率

通过一定的时间间隔，周期地对某个 CPU 核心上的 idle 线程运行的时间片数和该 CPU 运行的时间片数进行两次采样，分别将两次采样值各自取其差，然后进行环比，最后再将比值乘以 100%，所得的百分比便是该 CPU 的空闲率。

服务器中有多个 CPU，我们用其中的一个 CPU——CPU1 来举例说明：

在时间 A 对 CPU1 的 idle 线程运行的时间片数和 CPU1 的总运行时间片数采样，采样值分别为 cpu1_idle_slices_A 和 cpu1_total_slices_A。然后在时间 B 同样对 CPU1 的 idle 线程运行的时间片数和 CPU1 的总运行时间片数采样，采样值分别是 cpu1_idle_slices_B 和 cpu1_total_slices_B。那么在 B-A 这段时间里，CPU1 的空闲率公式便为：

(cpu1_idle_slices_B - cpu1_idle_slices_A) / (cpu1_total_slices_B - cpu1_total_slices_A) * 100%

相应 CPU1 的利用率便为 100 减去上面公式的结果。

如果 CPU1 很繁忙，idle 线程一直未被调度运行，CPU1 的空闲率便是 0%，即利用率是 100%。

2. 整机 CPU 利用率

通过一定的时间间隔周期对所有 CPU 上 idle 线程运行的时间片数和所有 CPU 运行的时间片数进行两次采样，分别将两次采样值各自取其差，然后进行环比，也就是用这段采样周期内所有 CPU 核心上 idle 线程运行的时间片数之和，比上这段采样周期内所有 CPU 运行的时间片数之和，最后再将比值乘以 100%，所得的百分比便是所有 idle 线程在所有 CPU 上的利用率，也就是系统的整体空闲率。这就是我们在 top 命令中显示的 xx%id，如 90%id。这表示整机的空闲率是 90%，即利用率是 100%−90%=10%。

假设服务器上有 8 个 CPU，各 CPU 繁忙程度不一致，有的 CPU 很闲，又运行 idle 线程，有的 CPU 很忙没有闲暇运行 idle。不过这不重要，我想和大家说的是，虽然是计算 idle 的利用率，但与 idle 是否正在运行关系不大，我们只要获取到 idle 的时间片就行，如果哪个 CPU 没有运行 idle，在该 CPU 上获取的 idle 累积量和上次获取的累积量是相同的，也就是增量为 0，即没有运行，这在后面会给大伙介绍。

假如在时间 A 对所有 CPU 上的 idle 线程运行的时间片数和所有 CPU 运行的时间片数采样，采样值分别是 cpuAll_idle_slices_A 和 cpuAll_total_slices_A，然后在时间 B 同样对所有 CPU 上的 idle 线程运行的时间片数和所有 CPU 运行的时间片数采样，采样值分别是 cpuAll_idle_slices_B 和 cpuAll_total_slices_B，那么在 B-A 这段时间里，整机 CPU 空闲率公式便为：

(cpuAll_idle_slices_B - cpuAll_idle_slices_A) /
(cpuAll_total_slices_B - cpuAll_total_slices_A) * 100%

同样，相应整机的 CPU 利用率便为 100 减去上面公式的结果。

以上两类 CPU 利用率主要是看 CPU 是否运行了 idle 线程，属于 CPU 级别的。由于运行哪个任务是由操作系统的任务调度器决定的，换句话说，只有当操作系统发现没有任务可运行时才会去执行 idle 线程，因此，但凡 idle 在运行，就表示 CPU 有多余的空闲资源。

3. 进程的 CPU 利用率

进程的 CPU 利用率同样是需要两次采样才能得到，但却与前两种 CPU 利用率有很大不同，我们好好聊聊这件事。

也许有读者说了："不是很简单吗，按道理应该是用进程消耗的时间片数比上 CPU 运行的时间片数，是这样吧？"不得不承认，按理说确实是这样，但是，前面和大家强调过，进程在任意时刻只会在一个 CPU 上运行，当服务器上有多个 CPU 时，保不准进程会在多个 CPU 之间来回转移，比如当前 CPU 负载已经很高了，利用率已接近 100% 了，当下一次该进程重新运行在 CPU 上时，调度器会根据实际 CPU 负载情况，将其换到另一个负载较轻的 CPU 上执行，也就是很可能并不是之前的 CPU 了，换了一个

CPU。尽管切换 CPU 这在一定程度上会影响性能，但由于进程之前所在的 CPU 的利用率已经是 100%了，换到新的空闲 CPU 上对进程来说，得到了更多的执行机会，可以更早的结束运行，因此，利大于弊。除非所有 CPU 都比较繁忙，这时候保持 CPU“亲和力”还是有意义的。说到这我猜您已经知道原因了，我们无法获知在两次采样期间，进程被换了多少个 CPU 运行，多个 CPU 是并行的，它们各自独立运行了一定的时间片数，虽然我们可以获取进程运行的时间片数，但没办法知道进程经过了哪些 CPU（仅能知道最后一次是在哪个 CPU 上执行），因此不知道去获取哪些 CPU 在这段采样周期内运行的时间片数。当然，倘若是在单核 CPU 上这还是行得通的，毕竟进程所在的 CPU 是明确的。

基于这个原因，进程 CPU 利用率的计算原理采用了“时间比”，也就是进程的执行时间比上采样周期时间，所得的比值再乘以 100%。但操作系统为用户进程记录的是进程的时间片数，因此，我们要将时间片数转换为时间。转换的方法也很简单，将时间片数除以 sysconf(_SC_CLK_TCK) 转换成以秒为单位的时间，然后再除以以秒为单位的采样时间。当然，如果是以秒这种粗粒度的时间去比较，在取整时将丢掉 sysconf(_SC_CLK_TCK)以内的精度，必然会造成一定的误差，因此，常常换算为以毫秒为单位的时间比。原理是这样的，具体取决于实现，如果要以微秒为单位采样也是可以的。

6.3 获取 CPU 利用率的方法

获取 CPU 利用率的方法很多，如果在 Linux 平台上我们可以利用现成的命令，比如 ps、top、mpstat、vmstat 和 dstat 等获取 CPU 利用率。图 6.1 所示是 dstat 命令的输出。

具体的输出就不介绍了，我很少用它，我更喜欢用 top 命令，其输出结果默认就是显示所有 CPU 和进程的使用情况，如图 6.2 所示。

用这些现成的命令看似方便，但这些方式有一定的缺点。

（1）获取不直接，要通过管道的方式对结果过滤，获取有延迟。

（2）管道是阻塞式 IO，若上一个程序输出未完成，监控获取的结果就不及时。

```
[work@localhost opbin]$ dstat
----total-cpu-usage---- -dsk/total- -net/total- ---paging-- ---system--
usr sys idl wai hiq siq| read  writ| recv  send|  in   out | int   csw
  0   0 100   0   0   0| 41k 2443B|   0     0 |   0     0 |  57    25
  0   0 100   0   0   0|   0     0 | 66B  834B|   0     0 |  44    12
  0   0 100   0   0   0|   0     0 | 66B  354B|   0     0 |  43    19
  0   0 100   0   0   0|   0     0 | 66B  354B|   0     0 |  38    10
  0   0 100   0   0   0|   0     0 | 66B  354B|   0     0 |  46    24
  0   0 100   0   0   0|   0     0 | 66B  354B|   0     0 |  36    14
  0   0 100   0   0   0|   0     0 | 66B  354B|   0     0 |  42    16
  0   0 100   0   0   0|   0     0 | 66B  354B|   0     0 |  38    18
  0   0 100   0   0   0|   0     0 | 66B  354B|   0     0 |  50    24
  0   0 100   0   0   0|   0     0 | 66B  354B|   0     0 |  37    10
  0   0 100   0   0   0|   0     0 | 66B  354B|   0     0 |  53    30
  0   0 100   0   0   0|   0     0 | 66B  354B|   0     0 |  40    12
  0   0 100   0   0   0|   0     0 | 66B  354B|   0     0 |  44    16
  0   0 100   0   0   0|   0     0 | 66B  354B|   0     0 |  36    12
  0   0 100   0   0   0|   0     0 | 66B  354B|   0     0 |  48    27
  0   0 100   0   0   0|   0     0 | 66B  354B|   0     0 |  38    14
  0   0 100   0   0   0|   0     0 | 66B  354B|   0     0 |  41    16
  0   0 100   0   0   0|   0     0 | 66B  354B|   0     0 |  41    18
  0   0 100   0   0   0|   0     0 | 66B  354B|   0     0 |  43    15
  0   0 100   0   0   0|   0     0 | 66B  354B|   0     0 |  35    10
  0   0 100   0   0   0|   0  4096B| 66B  354B|   0     0 |  44    28
  0   0 100   0   0   0|   0     0 | 66B  354B|   0     0 |  40    21
  0   0 100   0   0   0|   0     0 | 66B  354B|   0     0 |  42    17
  0   0 100   0   0   0|   0     0 | 66B  354B|   0     0 |  37    10
  0   0 100   0   0   0|   0     0 | 66B  354B|   0     0 |  43    24
```

图 6.1 dstat 输出

```
[work@localhost opbin]$ top
top - 15:27:33 up 44 min,  1 user,  load average: 0.39, 0.09, 0.03
Tasks: 139 total,   1 running, 138 sleeping,   0 stopped,   0 zombie
Cpu0  :  0.0%us,  0.0%sy,  0.0%ni, 97.7%id,  2.3%wa,  0.0%hi,  0.0%si,  0.0%st
Cpu1  :  0.0%us,  0.0%sy,  0.0%ni,100.0%id,  0.0%wa,  0.0%hi,  0.0%si,  0.0%st
Cpu2  :  0.0%us, 13.5%sy,  0.0%ni,  2.6%id, 69.3%wa, 12.5%hi,  2.1%si,  0.0%st
Cpu3  :  0.0%us,  0.0%sy,  0.0%ni,100.0%id,  0.0%wa,  0.0%hi,  0.0%si,  0.0%st
Mem:    637496k total,   321940k used,   315556k free,   129048k buffers
Swap:  4161528k total,        0k used,  4161528k free,    89792k cached

  PID USER      PR  NI  VIRT  RES  SHR S %CPU %MEM    TIME+  COMMAND
 2241 root      39  19  2056  792  560 D  8.6  0.1   0:02.05 updatedb
   36 root      20   0     0    0    0 S  1.7  0.0   0:00.35 kblockd/2
   17 root      20   0     0    0    0 S  1.3  0.0   0:01.61 ksoftirqd/3
    1 root      20   0  2872 1408 1200 S  0.0  0.2   0:01.71 init
    2 root      20   0     0    0    0 S  0.0  0.0   0:00.01 kthreadd
    3 root      RT   0     0    0    0 S  0.0  0.0   0:00.56 migration/0
    4 root      20   0     0    0    0 S  0.0  0.0   0:00.79 ksoftirqd/0
    5 root      RT   0     0    0    0 S  0.0  0.0   0:00.00 migration/0
    6 root      RT   0     0    0    0 S  0.0  0.0   0:00.11 watchdog/0
    7 root      RT   0     0    0    0 S  0.0  0.0   0:00.03 migration/1
    8 root      RT   0     0    0    0 S  0.0  0.0   0:00.00 migration/1
    9 root      20   0     0    0    0 S  0.0  0.0   0:00.56 ksoftirqd/1
   10 root      RT   0     0    0    0 S  0.0  0.0   0:00.12 watchdog/1
```

图 6.2 top 输出

（3）一般的 Server 都是多进程的方式，程序运行后会有多个相同进程名的实例，一般的 CPU 监控命令并不会对相同进程名的多个进程占用的 CPU 汇总。

（4）监控命令中并没有确切的采样时间，不易在后期生成合适的样本数据。

综上所述，一般的 CPU 监控命令并不能满足采样要求，因此，必须要实现自己的监控程序。

在设计 CPU 监控程序之前，我们先了解一下进程在服务器上一些可能的部署方式，了解之后我们才清楚设计怎样的监控程序。

大部分服务器的 CPU 核心数都在 8 核以上，有时经常会碰到 24 核 CPU。多核 CPU 目的是为了实现多任务并行以提高服务器性能，因此，在多进程的情况下才能发挥出高性能。单个进程在运行起来之后只会占用一个 CPU，根据 CPU 繁忙程度，该进程有可能会在不同的 CPU 之间轮换。如果所有 CPU 都很闲，当某个进程非常繁忙时，经常会出现一个 CPU 核心的利用率为 100%，而其他核心利用率为 0。比如执行一个 perl 进程，代码是“perl -e '$i=0;while($i<1000000000){$i++}'”，也就是让变量$i 执行 10 亿次自加 1。运行之后，它只会占用一个 CPU 核心，如图 6.3 所示，已经用下划线标出来了。

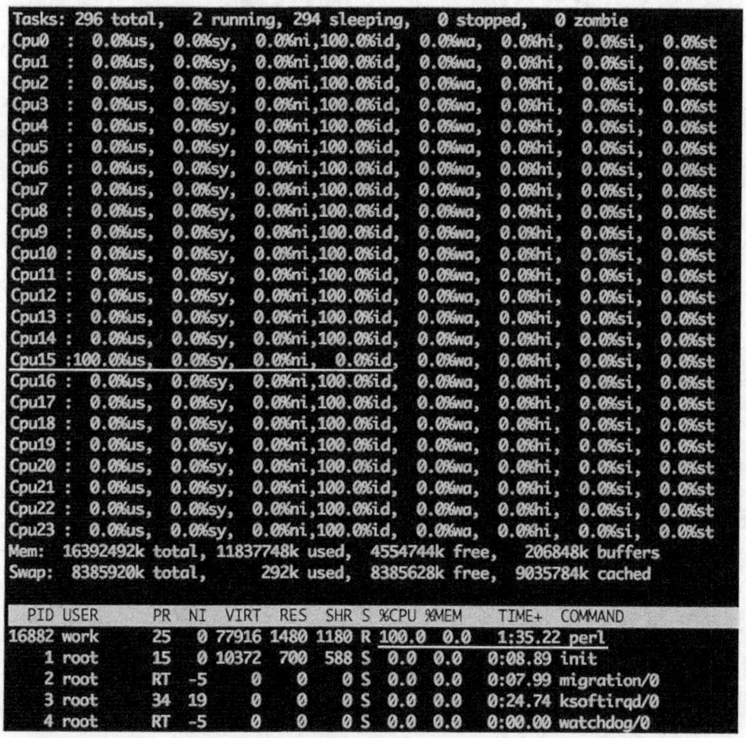

图 6.3　单个进程占用单个 CPU

一个 perl 进程似乎发挥多核处理器的“能力”，再举一个例子，同时执行多个 perl 进程，还是上面的代码，每个 perl 进程会占用一个核心，如图 6.4 所示。

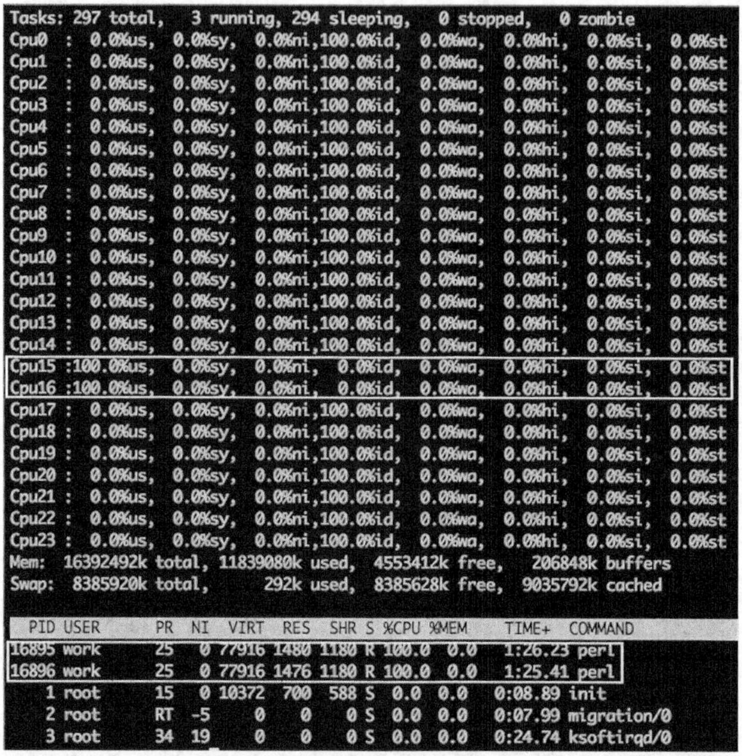

图 6.4　单个进程只占用一个 CPU

您看，进程数远小于 CPU 核心数，剩下的 22 个 CPU 都闲着，多核 CPU 并行的能力没发挥出来，实在可惜。在实际的运行环境中为避免这种浪费 CPU 资源的现象，常采用以下两种并行的方式部署 Server 以提升多核 CPU 利用率。

（1）很多 Server 程序都采用多进程的方式，通过在配置文件中配置好派生的进程数，使之与 CPU 核心数接近。

（2）如果 Server 程序只是单进程方式，运维人员将在服务器上部署多个相同的实例，以实现充分利用 CPU。

第 1 种部署形式看似有些陌生，但其实我们很熟悉，比如 nginx 模块也是 fork 多个子进程共同来响应请求的，一般情况下服务器并不是只有一个 CPU 核心，这些子进程也不会集中在一个 CPU 上执行。还是拿 nginx 来说，假如它 fork 了 8 个子进程（称为 worker process），加上 1 个主进程（称为 master process），在进程列表中会看到 9 个 nginx 进程。在任意时刻 nginx 的 CPU 利用率应该是多少呢？或者说您期待应该怎么计算 nginx 的 CPU 使用情况呢？我想，您可能想要的是所有 nginx 子进程的 CPU 利用率之和，当然还要加上 nginx 主进程的 CPU 利用率。原因是很容易理解的，毕竟所有同名子进程都是做的同一件事，处理的都是来自主进程为其分派的任务，它们是一类群体。因此当进程模块以 fork 多个子进程的方式运行时，我们不能仅计算一个子进程的 CPU 利用率，要统计所有子进程的 CPU 利用率之和，这才是该进程真正的 CPU 利用率。可是如何找到所有子进程呢？如前所述，我们是针对单一进程来获取 CPU 利用率，如果是单个进程的情况，我们可以通过程序的 pid 来跟踪进程。但多进程的程序在执行过程中会不断派生，在某个进程服务一定数量的请求后便会“死亡”，其 pid 就会被内核回收，该 pid 可能会分配给新的子进程，也有可能会发配给与此进程无关的任务，这时候用 pid 来跟踪进程就不靠谱了。之后主进程又会重新派生子进程，虽然可以根据 ppid 来判断该 pid 的进程是否属于同一个父进程派生出来的，但这样做未免代价较大。总之对于获取多个子进程 CPU 利用率的情况，显然通过 pid 是不行的，我们还有更好的办法。

在第 2 种部署多个相同实例的情况中，为了更方便地管理和隔离，通常情况下的部署是将不同的实例部署在不同路径下，我这里指的是在同一台机器上的部署。这些实例启动之后，我们会在进程列表中看到多个相同的进程名，但由于在同一台服务器上部署的这些同名进程往往被分配了不同的端口，它们处理的是来自另一端口的请求，因此在拓扑结构上属于另一独立的服务结点，或者是属于另一集群结点，故相同的进程名并不代表同一个实例，必须用程序的部署路径来标识一个 Server 程序。

我们约定一下：只把部署路径相同的进程当成一类进程，我们的目的是计算一类进程的 CPU 利用率，比如那些以 fork 多个子进程为工作方式的 Server 进程：nginx、apache、php-cgi 等，它们所有的子进程占用的 CPU 利用率之和才是该 Server 的 CPU 利用率。即使进程名是相同的，但部署路径不同，我们也当它们是不同的 Server。

在文件/proc/pid/exe 中的内容便是进程的部署路径，它是字符串，我们可以以此字符串为突破，找到同它相同的所有进程，然后可以将这些进程的 CPU 利用率加到一起算出进程的总 CPU 利用率。比如 php-cgi 就是预派生多个子进程来响应请求的，程序运行后在进程列表中结果如图 6.5 所示。

```
[work@localhost opbin]$ ps -eo cmd|grep php
/home/work/php/bin/php-cgi --fpm --fpm-config /home/work/php/etc/php-fpm.conf
/home/work/php/bin/php-cgi --fpm --fpm-config /home/work/php/etc/php-fpm.conf
/home/work/php/bin/php-cgi --fpm --fpm-config /home/work/php/etc/php-fpm.conf
/home/work/php/bin/php-cgi --fpm --fpm-config /home/work/php/etc/php-fpm.conf
/home/work/php/bin/php-cgi --fpm --fpm-config /home/work/php/etc/php-fpm.conf
/home/work/php/bin/php-cgi --fpm --fpm-config /home/work/php/etc/php-fpm.conf
/home/work/php/bin/php-cgi --fpm --fpm-config /home/work/php/etc/php-fpm.conf
/home/work/php/bin/php-cgi --fpm --fpm-config /home/work/php/etc/php-fpm.conf
/home/work/php/bin/php-cgi --fpm --fpm-config /home/work/php/etc/php-fpm.conf
/home/work/php/bin/php-cgi --fpm --fpm-config /home/work/php/etc/php-fpm.conf
/home/work/php/bin/php-cgi --fpm --fpm-config /home/work/php/etc/php-fpm.conf
grep php
[work@localhost opbin]$
```

图 6.5 php-cgi 工作进程

您看，本例中 php-cgi 的部署路径是/home/work/php/bin/php-cgi，由于在其配置文件 php-fpm.conf 中配置了 10 个子进程，因此，起动了 10 个 php-cgi。如果我们按照部署路径来查找进程，我们可以算出所有 php-cgi 的 CPU 利用率了，这正是咱们想要的结果。

6.4 计算整机 CPU 利用率

开门见山，在了解了前面的基础概念后，本节我们开始着手解决 3 个问题。

（1）单个 CPU 利用率的计算。

（2）整机 CPU 利用率的计算。

（3）进程 CPU 利用率的计算。

前两个会用到/proc/stat 文件，第 3 个会用到/proc/pid/stat，这是操作系统给我们的接口，下面我们详细介绍下。

整机的 CPU 利用率和单个 CPU 利用率

这里我们把前两类 CPU 利用率放在一起介绍了，原因是它们原理一样，而且要读取同一个文件——/proc/stat。

尽管我们查看整机 CPU 利用率看到的是 idle 线程的利用率，比如 idle 是 100%时表示机器很闲。不过这样的话，在监控系统上绘出的 CPU 状态图都是空闲率，这样反着看 CPU 利用确实有点别扭，因此，我们通常用 100%减去 idle 线程的利用率，这样得出的才是真正的 CPU 利用率。

首要解决的是 idle 线程的利用率，怎么得到呢？向操作系统“询问”吧，操作系统为了让用户用着“爽”，它有责任提供给用户各种各样的接口，这当然包括 CPU 利用率。在内存目录/proc 下有一个文件 stat，它记录了服务器上所有 CPU 核心的信息。说点额外的，之所以称/proc 为内存目录，是因为它并不在文件系统上存在，由于 Linux 中一切皆文件，所以，我们才可以用文件系统的方法来查看它。当内核发现待查看的目录是/proc 及以下子目录时会做特殊处理，转而去读取内存中的数据，并不会真正到磁盘上读取目录项及 i 结点。

我们已经提到/proc/stat 文件几次了，它到底是什么呢？我们先看下它的帮助，在 Linux 中执行 man proc 命令并回车，在其中找到/proc/stat 的帮助页，结果如下所示。

```
    /proc/stat
        kernel/system statistics. Varies with architecture. Common entries include:
        cpu 3357 0 4313 1362393
        The amount of time, measured in units of USER_HZ (1/100ths ofa second on most
architectures, usesysconf(_SC_CLK_TCK) to obtain the right value), that the system spent
in user mode, user mode with low priority(nice), system mode, and the idle task, respectively.
The last value should be USER_HZ times the second entry inthe uptime pseudo-file.
    ……略
    page 5741 1808
     The number of pages the system paged in and the number that were paged out (from disk).
    swap 1 0
         The number of swap pages that have been brought in and out.
        intr 1462898
    This line shows counts of interrupts serviced since boot time, for each of the
possiblesysteminterrupts. Thefirst column is the total of all interrupts serviced; each
subsequent column is the total for a particular inter-rupt.
    disk_io: (2,0):(31,30,5764,1,2) (3,0):...
         (major,disk_idx):(noinfo, read_io_ops, blks_read, write_io_ops, blks_written)
    (Linux 2.4 only)
        ctxt 115315
         The number of context switches that the system underwent.
    btime 769041601
         boot time, in seconds since the Epoch (January 1, 1970).
        processes 86031
```

```
    Number of forks since boot.
        procs_running 6
     Number of processes in runnable state.  (Linux 2.5.45 onwards.)
    procs_blocked 2
          Number of processes blocked waiting for I/O to complete.  (Linux 2.5.45 onwards.)
```

以上帮助程序我几乎全给贴过来了，在帮助的开头部分还说明了 USER_HZ 是一秒的百分之一，即 10 毫秒一次中断，可以用 sysconf(_SC_CLK_TCK)得到该值。

内容挺多，但我们实际用到的并不多，内核也是尽量一次性给出足够的消息，所以，在/proc/stat 文件中的数据有些冗余，咱们对着实例介绍。下面给大家贴一个实际 stat 文件的数据，如下所示。

```
    [work@localhost ~]$ cat /proc/stat
    cpu  400 0 1171 39373 1796 80 26 0 0
    cpu0 112 0 481 8724 853 79 21 0 0
    cpu1 73 0 277 10026 409 0 2 0 0
    cpu2 114 0 233 10085 380 1 2 0 0
    cpu3 99 0 178 10537 152 0 0 0 0
    intr 52057 140 7 0 0 0 0 0 0 0 0 0 0 110 0 0 106 0 0 0 183 0 3329 0 0 0 0 0 0 0 0 0
0 0 0 0 0 0 0 0 0 0 0 0 0 0 0 0 0 0 0 0 0 0 0 0 0 0 0 0 0 0 0 0 0 0 0 0 0 0 0 0 0 0 0 0
0 0 0 0 0 0 0 0 0 0 0 0 0 0 0 0 0 0 0 0 0 0 0 0 0 0 0 0 0 0 0 0 0 0 0 0 0 0 0 0 0 0 0 0
0 0 0 0 0 0 0 0 0 0 0 0 0 0 0 0 0 0 0 0 0 0 0 0 0 0 0 0 0 0 0 0 0 0 0 0 0 0 0 0 0 0 0 0
0 0 0 0 0 0 0 0 0 0 0 0 0 0 0 0 0 0 0 0 0 0 0 0 0 0 0 0 0 0 0 0 0 0 0 0 0 0 0 0 0 0 0 0
0 0 0 0 0 0 0 0 0 0 0 0 0 0 0 0 0 0 0 0 0 0 0 0 0 0 0 0 0 0 0 0 0 0 0 0 0 0 0 0 0 0 0 0
0 0 0 0 0 0 0 0 0 0 0 0 0 0 0 0 0 0 0 0 0 0 0 0 0 0 0 0 0 0 0 0 0 0 0 0 0 0 0 0 0 0 0 0
0 0 0 0 0 0 0 0 0 0 0 0 0 0 0 0 0 0 0 0 0 0 0 0 0 0 0 0 0 0 0 0 0 0 0 0 0 0 0 0 0 0 0 0
0 0 0 0 0 0 0 0 0 0 0 0 0 0 0 0 0 0 0 0 0 0 0 0 0 0 0 0 0 0 0 0 0 0 0 0 0 0 0 0 0 0 0 0
0 0 0 0 0 0 0 0 0 0 0 0 0 0 0 0 0 0 0 0 0 0 0 0 0 0 0 0 0 0 0 0 0 0 0 0 0 0 0 0 0 0 0 0
0 0 0 0 0 0 0 0 0 0 0 0 0
    ctxt 30525
    btime 1439383427
    processes 1989
    procs_running 1
    procs_blocked 0
    softirq 83413 0 35317 20 208 3290 0 2 4116 160 40300
    [work@localhost ~]$
```

由于本机只有 4 个 CPU，即编号分别为 CPU0 至 CPU3。在/proc/stat 前 5 行是有关 CPU 各时间片的累积数，第二至五行的 CPU0～3 是各 CPU 核心的时间片信息，第一行的 CPU 是总的 CPU 情况，也就是把 CPU0～3 相同字段汇总后的结果。之所以提供了汇总 CPU 信息是为了方便咱们计算整机 CPU 利用率，当然您也可以这样做，自己将各个 CPU 的相关字段加起来也是一样，偶尔有一点误差，这和获取数据的时机有关。

以上前 5 行各字段分别是 CPU 名称、user、nice、system、idle、iowait、irq、softirq、stealstolen 和 guest，意义如表 6.1 所示。

表 6.1　/proc/stat 字段

字段（例子中的实际值）	描　述
user（400）	内核从加载启动到现在为止，位于用户态的时间片累积量，此处为 400。注意，这不包括 nice 为负值的进程运行的时间片累积量
nice（0）	内核从加载启动到现在为止，nice 为负值的进程运行的时间片累积量，此处为 0
system（1171）	内核从加载启动到现在为止，位于内核态的时间片累积量。此处值为 1171
idle（39373）	内核从加载启动到现在为止的等待时间片累积量，注意，这不包括 IO 方面的等待。此处值为 39373
iowait（1796）	内核从加载启动到现在为止，IO 方面等待的时间片累积量。此处值为 1796
irq（80）	内核从加载启动到现在为止，硬中断的时间片累积量。此处值为 80
softirq（26）	内核从加载启动到现在为止，软中断的时间片累积量。此处值为 26
stealstolen（0）	在虚拟化环境中运行时，消耗在其他操作系统内的时间片累积量。此处值为 0
guest（0）	在 Linux 内核控制下，为客户操作系统运行一个虚拟 CPU 所消耗的时间片累积量。此处值为 0

我们的 CPU 利用率计算主要用这 4 个字段：user、nice、system 和 idle 字段，也就是/proc/stat 文件前 5 行的第 2～5 列，它们是 CPU 的有效时间片。

下面我们用实例跟踪一下/proc/stat 文件的变化，这次是在双核 CPU 服务器上测试的，目的是方便判断进程所在的 CPU 核心。为了让 CPU 忙起来，这里专门执行 perl -e '$i=0;while($i<1000000000){$i++}'，还是那个 10 次的循环加 1，按理说这个循环代码只会在用户态下执行，并未涉及任何系统调用，也就是 user 字段会增长，system 字段并不改变。执行 perl 程序后，下面观察一下/proc/stat 的内容。

```
[work@localhost ~]$ cat /proc/stat
cpu  1204 0 1096 99451 1907 90 26 0 0
cpu0 1029 0 605 48033 1168 89 23 0 0
cpu1 174 0 491 51417 738 1 2 0 0
```

```
intr 47989 137 7 0 0 0 0 0 0 0 0 0 0 110 0 0 106 0 0 0 791 0 3732 0 0 0 0 0 0 0 0 0
0 0 0 0 0 0 0 0 0 0 0 0 0 0 0 0 0 0 0 0 0 0 0 0 0 0 0 0 0 0 0 0 0 0 0 0 0 0 0 0 0 0 0 0
0 0 0 0 0 0 0 0 0 0 0 0 0 0 0 0 0 0 0 0 0 0 0 0 0 0 0 0 0 0 0 0 0 0 0 0 0 0 0 0 0 0 0 0
0 0 0 0 0 0 0 0 0 0 0 0 0 0 0 0 0 0 0 0 0 0 0 0 0 0 0 0 0 0 0 0 0 0 0 0 0 0 0 0 0 0 0 0
0 0 0 0 0 0 0 0 0 0 0 0 0 0 0 0 0 0 0 0 0 0 0 0 0 0 0 0 0 0 0 0 0 0 0 0 0 0 0 0 0 0 0 0
0 0 0 0 0 0 0 0 0 0 0 0 0 0 0 0 0 0 0 0 0 0 0 0 0 0 0 0 0 0 0 0 0 0 0 0 0 0 0 0 0 0 0 0
0 0 0 0 0 0 0 0 0 0 0 0 0 0 0 0 0 0 0 0 0 0 0 0 0 0 0 0 0 0 0 0 0 0 0 0 0 0 0 0 0 0 0 0
0 0 0 0 0 0 0 0 0 0 0 0 0 0 0 0 0 0 0 0 0 0 0 0 0 0 0 0 0 0 0 0 0 0 0 0 0 0 0 0 0 0 0 0
0 0 0 0 0 0 0 0 0 0 0 0 0 0 0 0 0 0 0 0 0 0 0 0 0 0 0 0 0 0 0 0 0 0 0 0 0 0 0 0 0 0 0 0
0 0 0 0 0 0 0 0 0 0 0 0 0 0 0 0 0 0 0 0 0 0 0 0 0 0 0 0 0 0 0 0 0 0 0 0 0 0 0 0 0
ctxt 33091
btime 1423183579
processes 2033
procs_running 3
procs_blocked 0
softirq 72553 0 29515 103 817 3653 0 2 3619 131 34713
```

第一行 CPU 的第 2～5 列是所有 CPU 核心在用户态、nice、内核态和 idle 的时间片。它等于所有核心的累加和。

如下面 CPU0 和 CPU1 的各相应字段加起来便是 CPU0 的相应字段值。

CPU0 第 2～5 列的值为 1059 0 605 48033

CPU1 第 2～5 列的值为 174 0 491 51417

注意看，CPU0 第 5 列是 48033，CPU1 的第 5 列是 51417，这是两个核心的 CPU idle 各执行的时间片。

下面运行一段时间后再观察，内容如下。

```
[work@localhost ~]$ cat /proc/stat
cpu  1233 0 1096 99524 1907 90 26 0 0
cpu0 1059 0 605 48033 1168 89 23 0 0
cpu1 174 0 491 51490 738 1 2 0 0
intr 48181 137 7 0 0 0 0 0 0 0 0 0 0 110 0 0 106 0 0 0 800 0 3732 0 0 0 0 0 0 0 0 0
0 0 0 0 0 0 0 0 0 0 0 0 0 0 0 0 0 0 0 0 0 0 0 0 0 0 0 0 0 0 0 0 0 0 0 0 0 0 0 0 0 0 0 0
0 0 0 0 0 0 0 0 0 0 0 0 0 0 0 0 0 0 0 0 0 0 0 0 0 0 0 0 0 0 0 0 0 0 0 0 0 0 0 0 0 0 0 0
0 0 0 0 0 0 0 0 0 0 0 0 0 0 0 0 0 0 0 0 0 0 0 0 0 0 0 0 0 0 0 0 0 0 0 0 0 0 0 0 0 0 0 0
0 0 0 0 0 0 0 0 0 0 0 0 0 0 0 0 0 0 0 0 0 0 0 0 0 0 0 0 0 0 0 0 0 0 0 0 0 0 0 0 0 0 0 0
0 0 0 0 0 0 0 0 0 0 0 0 0 0 0 0 0 0 0 0 0 0 0 0 0 0 0 0 0 0 0 0 0 0 0 0 0 0 0 0 0 0 0 0
0 0 0 0 0 0 0 0 0 0 0 0 0 0 0 0 0 0 0 0 0 0 0 0 0 0 0 0 0 0 0 0 0 0 0 0 0 0 0 0 0 0 0 0
0 0 0 0 0 0 0 0 0 0 0 0 0 0 0 0 0 0 0 0 0 0 0 0 0 0 0 0 0 0 0 0 0 0 0 0 0 0 0 0 0 0 0 0
0 0 0 0 0 0 0 0 0 0 0 0 0 0 0 0 0 0 0 0 0 0 0 0 0 0 0 0 0 0 0 0 0 0 0 0 0 0 0 0 0 0 0 0
0 0 0 0 0 0 0 0 0 0 0 0 0 0 0 0 0 0 0 0 0 0 0 0 0 0 0 0 0 0 0 0 0 0 0 0 0 0 0 0 0
```

```
ctxt 33118
btime 1423183579
processes 2034
procs_running 3
procs_blocked 0
softirq 72932 0 29695 103 826 3653 0 2 3628 131 34894
```

CPU0 第 2～5 列的值为 1059 0 605 48033。

CPU1 第 2～5 列的值为 174 0 491 51490。

注意，此时 CPU0 的第 5 列依然是 48033，但 CPU1 的第 5 列已经是 51490。这说明核心 CPU0 已经利用满了，idle 已无时间运行，初步判断 perl 进程是在 CPU0 上执行的。到底是不是这样呢？好在我们只有两个 CPU，再看看 CPU1 的数据就知道了。CPU1 上的 idle 是在运行的，而且 CPU1 的 user 和 sys 的时间片较上一次是不变的，都是 174 和 491，这说明此核心上并未执行 perl 进程。其实有办法查看进程在哪个 CPU 上执行过，下面介绍进程 CPU 利用率算法时会讲到。

运行一段时间再观察。

```
[work@localhost ~]$ cat /proc/stat
cpu  1307 0 1096 99706 1908 91 26 0 0
cpu0 1132 0 605 48033 1168 89 23 0 0
cpu1 174 0 491 51672 739 1 2 0 0
intr 48615 137 7 0 0 0 0 0 0 0 0 0 0 110 0 0 106 0 0 0 808 0 3736 0 0 0 0 0 0 0 0 0
0 0 0 0 0 0 0 0 0 0 0 0 0 0 0 0 0 0 0 0 0 0 0 0 0 0 0 0 0 0 0 0 0 0 0 0 0 0 0 0 0 0 0 0
0 0 0 0 0 0 0 0 0 0 0 0 0 0 0 0 0 0 0 0 0 0 0 0 0 0 0 0 0 0 0 0 0 0 0 0 0 0 0 0 0 0 0 0
0 0 0 0 0 0 0 0 0 0 0 0 0 0 0 0 0 0 0 0 0 0 0 0 0 0 0 0 0 0 0 0 0 0 0 0 0 0 0 0 0 0 0 0
0 0 0 0 0 0 0 0 0 0 0 0 0 0 0 0 0 0 0 0 0 0 0 0 0 0 0 0 0 0 0 0 0 0 0 0 0 0 0 0 0 0 0 0
0 0 0 0 0 0 0 0 0 0 0 0 0 0 0 0 0 0 0 0 0 0 0 0 0 0 0 0 0 0 0 0 0 0 0 0 0 0 0 0 0 0 0 0
0 0 0 0 0 0 0 0 0 0 0 0 0 0 0 0 0 0 0 0 0 0 0 0 0 0 0 0 0 0 0 0 0 0 0 0 0 0 0 0 0 0 0 0
0 0 0 0 0 0 0 0 0 0 0 0 0 0 0 0 0 0 0 0 0 0 0 0 0 0 0 0 0 0 0 0 0 0 0 0 0 0 0 0 0 0 0 0
0 0 0 0 0 0 0 0 0 0 0 0 0 0 0 0 0 0 0 0 0 0 0 0 0 0 0 0 0 0 0 0 0 0 0 0 0 0 0 0 0 0 0 0
0 0 0 0 0 0 0 0 0 0 0 0 0 0 0 0 0 0 0 0 0 0 0 0 0 0 0 0 0 0 0 0 0 0 0 0
ctxt 33167
btime 1423183579
processes 2035
procs_running 3
procs_blocked 0
softirq 73772 0 30101 104 834 3657 0 2 3642 131 35301
[work@localhost ~]$
```

此时 CPU0 的第 2～5 列是 1132 0 605 48033，第 5 列是 idle 的时间片，依然是 48033，

说明 CPU0 上的 idle 已无时间执行了，这个核心依然是利用率 100%的状态，初步判断 perl 进程至少在我们观察/proc/stat 的时候还是运行在 CPU0 上。

再看 CPU1 的第 2～5 列是 174 0 491 51672，第 5 列是 51672，这说明 idle 还在运行。而且 usr 和 sys 还是 174 和 491，依然未变。到现在可以说明，核心 CPU1 根本就没干活。

好啦，就跟踪到这儿吧，我相信即使有些字段没有去比对，您也已经清楚/proc/stat 的用途了。

针对单个 CPU 的利用率，先要计算出该 CPU 上 idle 线程的利用率，也就是用/proc/stat 中相关 CPU 编号所在行中的 idle 字段的值，除以 user、nice、system 和 idle 字段的值之和，再乘以 100%，结果便是该 CPU 上 idle 线程的 CPU 利用率。用 100 减去 idle 线程的 CPU 利用率便是该 CPU 的利用率。

针对整机 CPU 利用率的计算，也要先得到所有核心上 idle 线程的总利用率，就是指所有 CPU 核心上的 idle 线程的时间片之和（proc/stat 第 1 行 CPU 的第 5 列）比上总共的时间片之和（/proc/stat 第 1 行 CPU 的第 2～5 列之和），再乘以 100%。用 100 减去 idle 线程的总利用率便是整机的 CPU 利用率。

到现在为止我们已经把/proc/stat 文件中需要的内容介绍完了，后面的 intr、ctxt、btime 等其他字段我们暂时用不到，而且在上面的 man proc 帮助页中已有说明，不再赘述。“/proc/stat”仅用于统计 CPU 级别以上的利用率，下面看一下进程级别的 CPU 利用率算法。

6.5 计算进程的 CPU 利用率

内核为每个进程都统计了自身的信息，统统放在/proc/[pid]/之下，其中[pid]就是进程的 pid。用 nginx 举例，进程列表如图 6.6 所示。

```
[root@localhost ~]# ps -ef|grep nginx|grep -v grep
root      2040     1  0 08:44 ?        00:00:00 nginx: master process /home/work/nginx/sbin/nginx
work      2041  2040  0 08:44 ?        00:00:00 nginx: worker process
work      2042  2040  0 08:44 ?        00:00:00 nginx: worker process
work      2043  2040  0 08:44 ?        00:00:00 nginx: worker process
work      2044  2040  0 08:44 ?        00:00:00 nginx: worker process
work      2045  2040  0 08:44 ?        00:00:00 nginx: worker process
work      2046  2040  0 08:44 ?        00:00:00 nginx: worker process
work      2047  2040  0 08:44 ?        00:00:00 nginx: worker process
work      2048  2040  0 08:44 ?        00:00:00 nginx: worker process
[root@localhost ~]#
```

图 6.6 nginx 工作进程

此 nginx 配置了 8 个子进程，加上 pid 为 2040 的主进程，共 9 个 nginx。下面我们用 pid 为 2041 的子进程为例，查看/proc/2041/下有哪些信息。由于数据有点多，截屏不太好看，在此把数据贴出来了，如下所示。

```
[root@localhost ~]# ll /proc/2041/
total 0
dr-xr-xr-x. 2 work work 0 Aug 15 08:44 attr
-rw-r--r--. 1 work work 0 Aug 15 08:44 autogroup
-r--------. 1 work work 0 Aug 15 08:44 auxv
-r--r--r--. 1 work work 0 Aug 15 08:44 cgroup
--w-------. 1 work work 0 Aug 15 08:44 clear_refs
-r--r--r--. 1 work work 0 Aug 15 08:44 cmdline
-rw-r--r--. 1 work work 0 Aug 15 08:44 coredump_filter
-r--r--r--. 1 work work 0 Aug 15 08:44 cpuset
lrwxrwxrwx. 1 work work 0 Aug 15 08:44 cwd -> /root
-r--------. 1 work work 0 Aug 15 08:44 environ
lrwxrwxrwx. 1 work work 0 Aug 15 08:44 exe -> /home/work/nginx/sbin/nginx
dr-x------. 2 work work 0 Aug 15 08:44 fd
dr-x------. 2 work work 0 Aug 15 08:44 fdinfo
-r--------. 1 work work 0 Aug 15 08:44 io
-rw-------. 1 work work 0 Aug 15 08:44 limits
-rw-r--r--. 1 work work 0 Aug 15 08:44 loginuid
-r--r--r--. 1 work work 0 Aug 15 08:44 maps
-rw-------. 1 work work 0 Aug 15 08:44 mem
-r--r--r--. 1 work work 0 Aug 15 08:44 mountinfo
-r--r--r--. 1 work work 0 Aug 15 08:44 mounts
-r--------. 1 work work 0 Aug 15 08:44 mountstats
dr-xr-xr-x. 6 work work 0 Aug 15 08:44 net
-rw-r--r--. 1 work work 0 Aug 15 08:44 oom_adj
-r--r--r--. 1 work work 0 Aug 15 08:44 oom_score
-rw-r--r--. 1 work work 0 Aug 15 08:44 oom_score_adj
-r--r--r--. 1 work work 0 Aug 15 08:44 pagemap
-r--r--r--. 1 work work 0 Aug 15 08:44 personality
lrwxrwxrwx. 1 work work 0 Aug 15 08:44 root -> /
-rw-r--r--. 1 work work 0 Aug 15 08:44 sched
-r--r--r--. 1 work work 0 Aug 15 08:44 schedstat
-r--r--r--. 1 work work 0 Aug 15 08:44 sessionid
-r--r--r--. 1 work work 0 Aug 15 08:44 smaps
-r--r--r--. 1 work work 0 Aug 15 08:44 stack
-r--r--r--. 1 work work 0 Aug 15 08:44 stat
-r--r--r--. 1 work work 0 Aug 15 08:44 statm
-r--r--r--. 1 work work 0 Aug 15 08:44 status
```

```
-r--r--r--. 1 work work 0 Aug 15 08:44 syscall
dr-xr-xr-x. 3 work work 0 Aug 15 08:44 task
-r--r--r--. 1 work work 0 Aug 15 08:44 wchan
[root@localhost ~]#
```

尽管用到的数据不多，但我喜欢把数据贴全，如果贴少了可能有些读者会对其他信息好奇，贴全了也不为过，万一大家从中能看到意外的惊喜呢。

文件 IO 记录的是进程相关的 IO 读写情况，fd 目录下是进程打开的文件描述符，task 是该进程内的线程。其他我们就不介绍了。在/proc/[pid]/stat 文件中的内容是我们本节要关注的，进程的 CPU 利用计算要用到进程自己单独的 stat 文件，用/proc/2041/stat 举例来说，其内容如下。

```
[root@localhost ~]# cat /proc/2041/stat
2041 (nginx) S 2040 2040 2040 0 -1 4202816 180 0 0 0 0 0 0 0 20 0 1 0 7033 4673536 243
4294967295 134512640 136023912 3213067008 3213065892 16524324 0 0 1073745920 402745863 0
0 0 17 0 0 0 0 0 0
[root@localhost ~]#
```

如果是第一次接触这个文件，想必是看着这么多数字都晕了，我虽然看了很多次了，但也依然很晕。其实以上是一行的内容，即文件/proc/[pid]/stat 的内容仅一行。其中各字段的解释在 man proc 中有足够的说明，内容较多，不全部列举了，我摘录了部分内容给读者看，如下所示。

```
/proc/[pid]/stat
Status information about the process.  This is used by ps(1).
It is defined in /usr/src/linux/fs/proc/array.c.
    The fields, in order, with their proper scanf(3) format specifiers, are:
        pid %d The process ID.
comm %s  The filename of the executable, in parentheses. This is visible whether or
not the executable is swappedout.
state %c   One character from the string "RSDZTW" where R is running, S is sleeping
in an interruptible wait, D is wait-ing in uninterruptible disk sleep, Z is zombie, T is
traced or stopped (on a signal), and W is paging.
ppid %d The PID of the parent.
        pgrp %d The process group ID of the process.
session %d  The session ID of the process.
tty_nr %d  The controlling terminal of the process.  (The minor device number is contained
in the combination of bits 31to 20 and 7 to 0; the major device number is in bits 15 t0 8.)
        tpgid %d The ID of the foreground process group of the controlling terminal of
the process.
flags %u (%lu before Linux 2.6.22)
```

```
        The  kernel  flags  word of the process.  For bit meanings, see the PF_* defines
in <linux/sched.h>.  Detailsdepend on the kernel version.
    minflt %lu  The number of minor faults the process has made which have not required
loading a memory page from disk.
        cminflt %lu The number of minor faults that the process's waited-for children
have made.
        majflt %lu  The number of major faults the process has made which have required
loading a memory page from disk.
        cmajflt %lu The number of major faults that the process's waited-for children
have made.
        utime %lu   Amount of time that this process has been scheduled  in  user  mode,
measured  in  clock  ticks  (divide bysysconf(_SC_CLK_TCK). This includes guest time,
guest_time (time spent running a virtual CPU, see below), sothat applications that are not
aware of the guest time field do not lose that time from their calculations.
    stime %lu   Amount of time that this process has been scheduled in kernel  mode,
measured  in  clock  ticks  (divide  bysysconf(_SC_CLK_TCK).cutime %ld  Amount  of  time
that this process's waited-for children have been scheduled in user mode, measured in
clockticks (divide by sysconf(_SC_CLK_TCK).  (See also times(2).)  This includes  guest
time,  cguest_time  (timespent running a virtual CPU, see below).
    cstime %ld  Amount  of time that this process's waited-for children have been scheduled
in kernel mode, measured in clockticks (divide by sysconf(_SC_CLK_TCK).
    …略
    processor %d (since Linux 2.2.8)
                CPU number last executed on.
    …略
```

此帮助页是按照文件/proc/[pid]/stat 中字段从左到右出现的顺序列出的。部分关键字段的意义如表 6.2 所列。

表 6.2　　/proc/pid/stat 文件字段

字段（例子中的实际值）	描　　述
pid（2041）	进程 pid，这里值为 2041
comm（nginx）	进程名，这里值为 nginx
state（S）	进程状态，这里值为 S，即睡眠 sleeping，可被中断信号唤醒
ppid（2040）	父进程 pid，这里值为 2040，即 nginx 主进程
utime（0）	进程在用户态下的时间片数，这里值为 0
stime（0）	进程在内核态下的时间片数，这里值为 0
processor（0）	进程最后一次所占用的 CPU 编号，这里值为 0，表示第 0 个 CPU

以上我们用到的字段是 utime、stime 和 processor。先说一下 processor，它用来记录在读取/proc/[pid]/stat 时，进程所在的 CPU，这个很有用，我们在前面介绍过，一个进程有可能会在多个 CPU 上执行，我们务必要确认进程所在的 CPU 利用率不能是 100%，虽然我们无法获得在两次采样期间进程所在的所有 CPU 的利用率，但至少能知道最后一次的情况。顺便提一句，Linux 中有获取进程所在 CPU 的方法，ps 命令就可以，可以用参数-eo 输出 psr，psr 就是处理器编号，如图 6.7 中查看 nginx 所在 CPU。

```
[work@localhost ~]$ ps -eo cmd,psr|grep nginx
nginx: master process /home     3
nginx: worker process           2
nginx: worker process           0
nginx: worker process           1
nginx: worker process           0
nginx: worker process           0
nginx: worker process           1
nginx: worker process           0
nginx: worker process           1
grep nginx                      0
[work@localhost ~]$
```

图 6.7 ps 命令显示进程所在的 CPU

utime 和 stime 是我们用于计算 CPU 利用率的指标，一个是进程在用户态下的时间片数，另一个是进程在内核态下的时间片数，我们把这两项的和作为进程消耗的时间片数。

进程的 CPU 使用率是将该进程的时间片转换成执行时间后，再除以采样的时间间隔得到的，也就是说，进程的 CPU 利用率是单位时间内进程占用 CPU 的时间比。基于此类算法，在多核心的 CPU 中，进程的 CPU 利用率超过 100%是很正常的事，CPU 利用率最大值是核数乘以 100%。

如何将进程的时间片转换成执行时间呢？接下来就是如何处理这两个时间片的问题了。时间片要想变成时间：

（1）要么得知道时间片的时间单位，这样：

时间片数 * 时间片的时间单位

（2）要么知道时间片发生的频率，即单位时间内的时间片数量，这样：

时间片数 / 时间片发生的频率

以上两类方法都能得到时间片对应的时间。

由于时间片发生频率 USER_HZ 通常情况下是 100 次/秒，这会造成 0～99 个时间片的误差，因此，这里采取第 1 种方法，并且用毫秒来表示时间片的时间单位，所以进程 CPU 利用率的计算方法是：

100% * (utime + stime) * (1000 / USER_HZ) / 采样毫秒周期

本节到这介绍完了，总结一下。

总体 CPU 的 idle 是按照 idle 线程使用的时间片除以所有 CPU 的总体时间片得出的，

而单个进程往往只占用一个 CPU，其 CPU 利用率是占用 CPU 的时间比上采样周期，因此，进程最大的 CPU 利用率是 CPU 核数*100%，于是经常会在多核服务器上看到 CPU 利用率大于 100%的情况。任意时刻，一个进程只会占用一个 CPU，很多情况下一个 CPU 利用满，别的 CPU 空闲，因此整体上 CPU 的 idle 很高。故 idle 的 CPU 利用率加进程的 CPU 利用率往往大于 100%。

6.6 IO 速率、内存使用量和文件描述符、线程数的监控

完善的容量管理不仅要考虑 CPU 利用率，还要考虑到 IO 利用率、内存使用量等。虽然我们此处只考虑 CPU，但扫描一次 PROC 目录不容易，能顺便提取的信息我们干吗不要，至少可以为以后扩展做准备。

1. 有关 IO 的监控

Linux 下虽然有 vmstat、iostat 等系统命令，但它们只可以反映系统总体 IO 情况，当机器 IO 很高的时候，我们往往更关注的是哪个进程的 IO 最高，总之我们想找出导致 IO 负载高的罪魁祸首进程。如何查看具体进程的 IO 情况？这时候/proc/[pid]/io 文件就发挥了功能，在内核版本较低（2.6.20 以前）的版本中是看不到这个接口的。该文件内容如图 6.8 所示。

```
[root@localhost ~]# cat /proc/2041/io
rchar: 897
wchar: 0
syscr: 3
syscw: 0
read_bytes: 0
write_bytes: 0
cancelled_write_bytes: 0
[root@localhost ~]#
```

图 6.8 /proc/pid/io 文件

此文件共有 7 个字段，查看 man proc 帮助页，有关/proc/[pid]/io 的部分如下所示。

```
/proc/<pid>/io - Display the IO accounting fields
rchar
I/O counter: chars read
The number of bytes which this task has caused to be read from storage. This
is simply the sum of bytes which this process passed to read() and pread().
It includes things like tty IO and it is unaffected by whether or not actual
physical disk IO was required (the read might have been satisfied from
```

```
pagecache)
-----------------------------------
wchar
I/O counter: chars written
The number of bytes which this task has caused, or shall cause to be written
to disk. Similar caveats apply here as with rchar.
-----------------------------------
syscr
I/O counter: read syscalls
Attempt to count the number of read I/O operations, i.e. syscalls like read()
and pread().
-----------------------------------
syscw
I/O counter: write syscalls
Attempt to count the number of write I/O operations, i.e. syscalls like
write() and pwrite().
-----------------------------------
read_bytes
I/O counter: bytes read
Attempt to count the number of bytes which this process really did cause to
be fetched from the storage layer. Done at the submit_bio() level, so it is
accurate for block-backed filesystems. <please add status regarding NFS and
CIFS at a later time>
-----------------------------------
write_bytes
I/O counter: bytes written
Attempt to count the number of bytes which this process caused to be sent to
the storage layer. This is done at page-dirtying time.
-----------------------------------
cancelled_write_bytes
The big inaccuracy here is truncate. If a process writes 1MB to a file and
then deletes the file, it will in fact perform no writeout. But it will have
been accounted as having caused 1MB of write.
In other words: The number of bytes which this process caused to not happen,
by truncating pagecache. A task can cause "negative" IO too. If this task
truncates some dirty pagecache, some IO which another task has been accounted
for (in its write_bytes) will not be happening. We _could_ just subtract that
from the truncating task's write_bytes, but there is information loss in doing
that.
```

字段意义如表 6.3 所列。

表 6.3　　/proc/pid/io 字段描述

字段（例子中的实际值）	描　　述
rchar（897）	任务从存储层读取的总字节数，这是指在读取函数中传入的读取字节值，有可能从 pagecache 中就获取了数据，因此，并不代表实际读取的字节数
wchar（0）	任务写入的总字节数，这同样是指传入给写函数中的写入字节值，也许会写到硬盘，也许会写到缓存中，并不代表真正写到硬盘上的字节数
syscr（3）	有关读操作的系统调用的调用次数
syscw（0）	有关写操作的系统调用的调用次数
read_bytes（0）	从硬盘中实际读取的字节数
write_bytes（0）	往硬盘上实际写入的字节数
cancelled_write_bytes（0）	在内部数据传输是以块为单位，当数据大于这个块就要截断，此值是由于被截断而未写入的字节数

我们在获取 IO 时，主要是参考 read_bytes 和 write_bytes 的值，此值也是累积量，需要在两次采样周期内获取差值，此差值除以采样时间便是 IO 单位时间速率。

2. 有关文件描述符的监控

可以通过/proc/pid/fd 目录获得进程打开的所有文件描述符，这里以 pid 为 2086 的 nginx worker 进程为例，其 fd 目录下内容如图 6.9 所示。

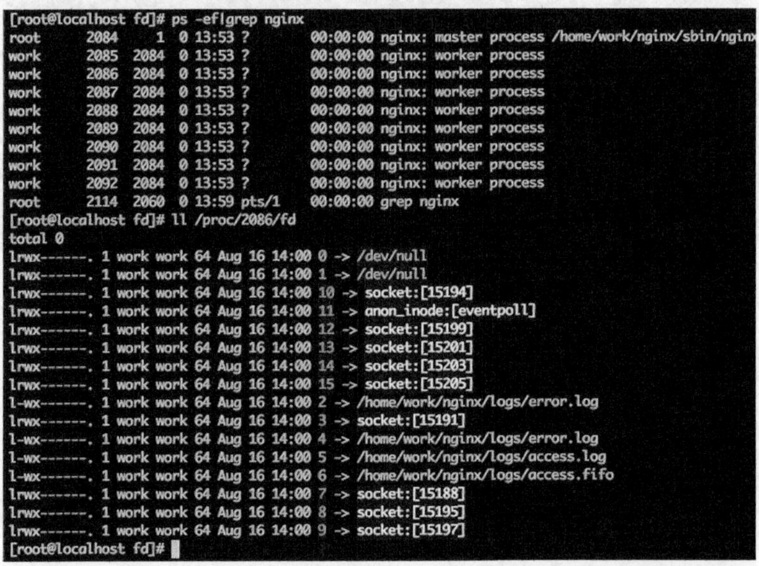

图 6.9　/proc/pid/fd 内容

通常包括两类文件描述符，一类是套接字 socket 文件，如文件描述符 10 指向的 socket:[15194]，其中的数字 15194 是该 socket 的 inode 编号，可以用 netstat –an 看到。另一类是普通文件，如图 6.9 中的标准错误描述符 2 指向的/home/work/nginx/logs/error.log。可以针对不同种类的文件描述符分别统计其个数以监控进程打开的文件数。

3. 有关进程占用内存的监控

Linux 为我们提供了很多查看系统资源的命令，比如可以用 vmstat、free 等命令查看内存使用率。当系统使用的内存过高时，我们通常想试图找出是哪些进程把内存用光了。针对进程级别的内存查看，一种可行的方法是用 top 命令，但其不方便用于监控，所以，最好是单独用一个监控程序，在后面会有此程序的设计与实现。

可以通过文件/proc/[pid]/statm 获取进程占用的内存信息，文件内容如图 6.10 所示。

图 6.10　/proc/pid/statm 文件内容

具体各字段的意义还是要参考 man proc，下面是有关 statm 的截图，如图 6.11 所示。

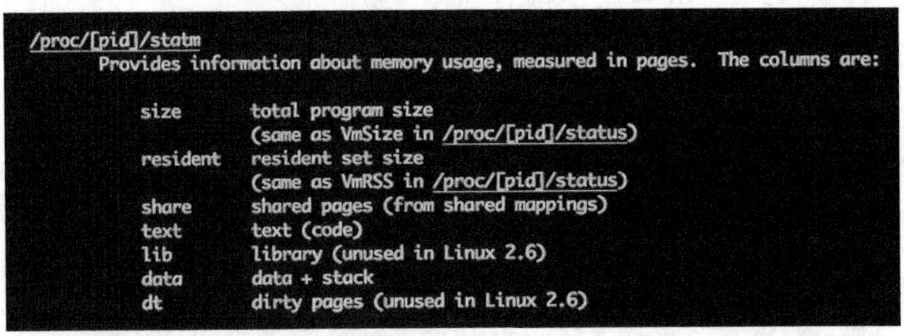

图 6.11　/proc/pid/statm 字段

字段具体意义如表 6.4 所示，各字段均以页为单位。

表 6.4　/proc/pid/statm 字段描述

字段（例子的实际值）	描　述
size（1102）	进程的虚拟地址空间页数量
resident（156）	进程正在使用的物理内存的页的数量

续表

字段（例子的实际值）	描　　述
share（73）	共享页的数量
text（369）	代码段占用的页的数量
lib（0）	库占用的页的数量
data（154）	数据段、包括栈空间的页的数量
dt（0）	脏页的数量

尽管 statm 文件中有 7 个字段，但监控中常常只涉及前 3 个字段，即 size、resident 和 share，提醒一下，由于这些字段均以页为单位，所以换算成字节时要乘以页大小。页通常是 4096 字节。但事先最好确定一下页大小，比如调用函数 sysconf(_SC_PAGESIZE) 得到系统的页的字节大小。

上面帮助图 6.11 中有提到/proc/pid/status 文件，这是给我们提供的用户接口，里面内容意义较清楚，有相关字段名，内容如下。

```
[root@localhost 2084]# cat /proc/2084/status
Name:    nginx
State:   S (sleeping)
Tgid:    2084
Pid: 2084
PPid:   1
TracerPid:    0
Uid: 0   0     0    0
Gid: 0   0     0    0
Utrace: 0
FDSize: 32
Groups: 0
VmPeak:         4408 kB
VmSize:      4408 kB
VmLck:          0 kB
VmHWM:             624  kB
VmRSS:       624 kB
VmData:            528  kB
VmStk:        88 kB
VmExe:      1476 kB
VmLib:      2188 kB
VmPTE:        44 kB
VmSwap:             0 kB
```

```
Threads:    1
SigQ:    1/4861
SigPnd:  0000000000000000
ShdPnd:      0000000000000000
SigBlk:  0000000000000000
SigIgn:  0000000040001000
SigCgt:  0000000018016a07
CapInh:  0000000000000000
CapPrm:      ffffffffffffffff
CapEff:  ffffffffffffffff
CapBnd:      ffffffffffffffff
Cpus_allowed:  f
Cpus_allowed_list:  0-3
Mems_allowed:  1
Mems_allowed_list:  0
voluntary_ctxt_switches: 2
nonvoluntary_ctxt_switches: 0
```

从上面可以看出，有关进程的信息还是很直白的，不像之前文件那样没有字段名不知是何意。其他字段读者自己看就行了，这里说一下“Threads”字段，它表示该进程中包含的线程的数量，所以，此字段经常被用于监控进程中的线程数，如果仅是统计线程数的话，它比直接遍历/proc/[pid]/task 更直接、快捷。

监控部分差不多就说到这了，监控系统本质上就是读取目录/proc 下的各种文件，只要把各种接口文件搞清楚就行了，通过/proc 目录获得监控信息确实比 snmp 协议这个“黑盒子”显得更可控。

第 7 章　容量规划的需求分析

7.1　容量规划业务需求分析

7.1.1　容量规划业务需求概况

在一般的运维团队中，容量管理是必做的工作，但往往只是粗略估算，并没有科学的方法提供指导。因此，利用曲线拟合来做容量规划还算少见的项目，这一般是由两方面造成的。

- 一方面做容量规划需要数学知识，做运维的人员很少有做过数据分析的背景。因此，大部分运维人员不知道怎么去监控服务系统的容量。
- 另一方面是怕影响业务稳定，运维行业不能直接创造利润，能保证稳定运行就是运维的责任，

其实我们要科学地看待服务，相信数据，我们就能够找到衡量服务的一种新方法。

容量管理是用来管理硬件系统自身的一套系统。互联网公司的产品需要服务器这个硬件载体来展示，如何维护好这个硬件平台，这是运维人员的责任。为了更好地维护这套平台，开发出另一套系统来监控原有平台。

容量管理系统目的是优化运维人员的操作，使运维人员的每一步扩容操作都心中有数，了如指掌。在流量切换时可以更加游刃有余，从容自如，

这么描述容量管理系统，似乎和系统调优很接近，其实它和调优没直接的关系。系统调优是在“机器操作”的微观级别上做具体的软件调整用以挖掘硬件的潜能。但它毕

竟是有限的，即使技术高人在非常了解内核的情况下，优化到某一程度后，系统也再无潜力可挖掘。而容量管理系统是在“服务管理”的宏观级别上优化系统，能够展现出系统的瓶颈在哪里，让运维人员了解系统可承受的最大的流量是多少。

容量管理系统监控集群日常的流量和资源利用率，因此，它是基于监控系统之上构建的。根据它们的流量与资源利用率的关系建模，这可以让那些没有数据分析知识的人员掌握当前系统的容量，也可以分析出系统未来一段时间内的压力数据，它还能够指导从业人员维护业务系统，找到性能和成本的平衡点、提高资源利用率，节省公司在硬件方面资金的投入。

7.1.2 容量规划业务需求背景

很多互联网公司，尤其是像百度、阿里、腾讯这种互联网巨头，它们为了业务稳定、高效，随着业务的发展，往往增加了大量基础硬件设施，从而带来了巨大的经济成本。一般情况下，公司的硬件资源总体利用率长期以来都处于较低的水平。据监控数据显示，全公司服务器的平均 cpu_idle 处于 80%到 90%，硬盘空间的利用率在 30%左右，我想这也是大多数互联网公司的服务器利用率水平。

资源浪费对于大型互联网公司尤为明显，从总体上来看，闲置着大量的硬件资源（计算和存储），这已经造成了巨大浪费，保守估计若单位有 30 万台服务器，其中将有 15 万台机器是闲置的，显然服务成本偏高。也就是说，要提供同等质量的服务，完全不需要这么多的硬件投入，可以用更低成本来实现。在这种背景下，迫切地需要知道当前业务规模到底需要多少台服务器，这就是容量管理的工作之一。系统地进行容量管理，提高硬件资源利用率，降低单位服务成本，将具有巨大的经济效益，省钱就相当于挣钱。

容量管理系统的好处当然不仅仅如此，看看我们的运维人员在运维过程中还有哪些棘手的问题要解决。

1. 当前产品线还可以再承受的流量压力

这样一个问题恐怕会难倒大多数运维人员，即使有人给出答案，我想也是凭着对产品的熟悉的程度，根据经验给出的结论。

2. 对面冗余机房还可以再承受的流量

当某个机房出现故障时，通常的做法是将此机房的流量通过 cdn 或者入口集群切换到另一机房，一般运维人员都是保守估计流量切换的比例，如，先切换 10%的流量试一下，不行再减下去。

3. 各集群的扩容机器数量

比如节假日是一些产品线流量上涨的时候，对于这样的流量，我们通常是借鉴以往的经验。如果服务器加少了，面临的往往是急急忙忙的环境部署工作，毕竟环境部署需要很多依赖条件，这就难免会忙中出错。

4. 产品线 CPU 利用率低，应该下架的机器数

一般用经验推算，先下架一两台服务器看看，总之不能为提高 CPU 利用率而影响产品体验。

5. 找出系统的瓶颈

系统通常情况下是由多个集群组成的，整个系统的性能通常是由某个瓶颈集群决定的。需要找到瓶颈集群并加强扩容。

在有了容量管理系统后，以上几个问题便得以解决。

7.1.3 关键问题的提出

尽管容量规划的大体方法相同，但容量规划其实是一个迭代的过程，不可能一劳永逸，需要在实际验收中不断调整。即使在回归方程已经确定的情况下，由于业务是不断变动的，依然要跟着修改方程，如图 7.1 所示。

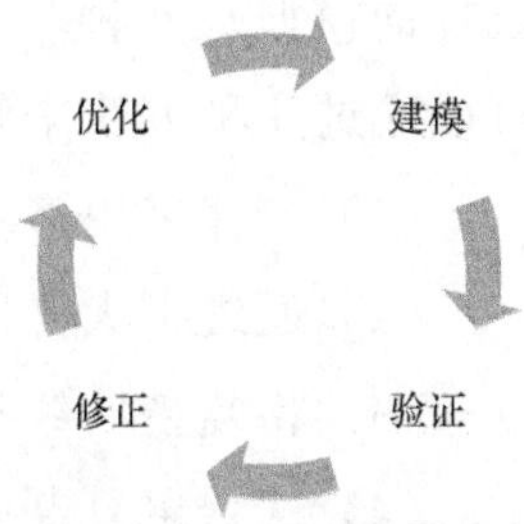

图 7.1 不断优化的模型

根据历史运行趋势，并根据模型估算未来资源需求，根据实际情况不断修正模型，优化参数，使估算更趋于合理。

尽管种类繁多的互联网服务最终是让有限种类程序模块来执行，但每个模块的特性却是各不相同，消耗的资源也不尽相同，衡量的标准难以把控。尤其是随着业务的拓展，模块、业务、集群关联会越发复杂，在这样一种模块和业务在多样化的前提下，不可能用一种统一的建模方法涵盖所有模块中的所有业务，必须根据模块的实际情况来分别建模。

通常情况下，样本数据越多，越能反映大多数的状态，拟合的模型也就越精准，方程的拟合优度越高，因此，我们在实际建模时，对一个模块采用尽可能多的样本，我通常采取三百个样本以上。另一方面，不应该用线下测试环境中的数据建模，毕竟它的访问请求并不符合用户行为，用此样本创建的模型必然会有误差。生产环境中的样本数据是最真实、直接的样本。为了使模型更为有效，最好是用当天的数据来建模。

根据模块的特性，如果只是起到分配转发，不涉及深入计算及 io 操作的话，基本上访问量和 CPU 利用率成正比，这保持强线性关系。这一典型模块就是各种调度器，如 lvs、nginx 和 lighty 等。有的模块涉及深入复杂的计算及 io 操作，不同的请求会有不同的 CPU 消耗，比如 MySQL 的一个慢查询比 10 个普通检索还消耗 CPU，对于这种情况，请求数有可能和 CPU 利用率不成线性或不成正比，因此，有可能需要用到非线性方程。

拟合优度只表示对现有样本拟合的优劣程度，不能做为模型好坏的标准，任何模型必须有实际意义才行，因此，必须要以实际意义为准。一般情况下，级数越高的多项式拟合效果越好，但估算效果却差强人意，因此，将多项式拟合限制在 2 元多项式。初步选择的模型是几种基本模型，如果当某个模块的样本散点图不符合任何一个基本图形时，可以通过几种方法来解决。

（1）一律采用多项式来拟合。

（2）通过扩大样本周期取其平均数的做法使其线性化。

（3）将复杂曲线按照基本图形划分成几个阶段，分段回归。

（4）选择更复杂的回归方程。

另外，一般模块在配置文件中都配置了极限请求数，因此，当预估的流量超过该值时，我们视该模块的容量达到 100%。

7.2 容量规划功能需求分析

7.2.1 数据采集

回归分析中很重要的一步就是样本数据采集，有了样本数据才能做参数估计，进而获得公式。在系统中，样本数据包括访问量和 CPU 利用率，即（访问量、CPU 利用率）是一个样本。这里没强调访问量和 CPU 的粒度，因为这不重要，单个模块的访问量虽然直接作用于相应的进程，但该进程的 CPU 利用率同样也是整机 CPU 利用的一部分，因此，模块的访问量与进程的 CPU 利用率及整机的 CPU 利用率都有依赖关系，只是针对这两种不同粒度的关系是不一样的，即公式不一样。数据采集的主要工作就是收集数据，而其数据来源于监控，无论哪种形式的容量规划，它始终基于监控。

其实我们现在讨论的是监控系统采集数据的方式。最简单的作法是用主动监控方式，找一台监控机，每间隔一段时间去轮巡所有的机器的 Server 端口或 snmp 端口，通过语义或结构体监控，获取所有机器的信息后再分析，如图 7.2 所示。

虽然它的实现较简单，但也有缺点。

（1）遍历时间较长，采集周期不准，因此监控数据也不会准确。

（2）当个别机器因各种原因连不上时会导致整个轮巡时间的加长，而且会加大监控机的负载。

综上所述，这里我们采取被动监控的方式，在待监控的机器上安装采集程序，定期采集并将采集结果发送到服务器，如图 7.3 所示。

目前的容量管理较简单，只支持流量和 CPU 利用率，因此，要考虑如何监控这两项。虽然可以通过系统命令来获取 CPU，但这种方式不够灵活也不够方便，因此要编写获取 CPU 利用率的程序，后面在模块的实现部分我们会附上相应的代码。

CPU 利用率我们在/proc 目录下遍历，前面有关 CPU 利用率的章节已经有了足够的介绍，这里不再赘述。

虽然 CPU 利用率分为整机或模块的粒度，但访问量可只有模块级别，没听说过整机的访问量。

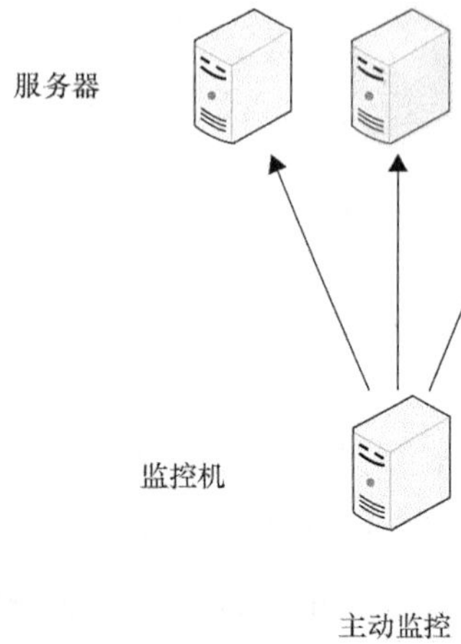

图 7.2 主动轮询监控

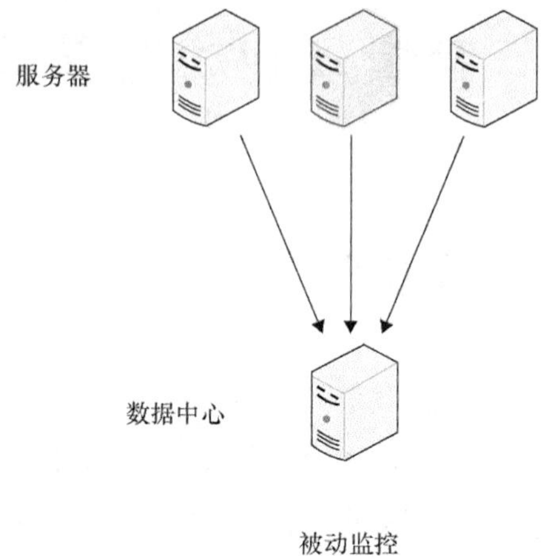

图 7.3 被动监控

获取流量的方法有很多，通用的方式是抓包和日志统计，或者有一些模块本身就提供监控信息，比如 memcache、nginx 的 status 模块等，我们可以定期向该模块获取访问量。无论采取什么方式，这取决于您的喜好，由于抓包对系统性能有一定的影响，并且通常数据量较大，不易分析，因此，这里采用较通用的日志统计。

模块的访问量（流量）可以从模块的日志中获取，不过有一点点小麻烦的是，各种模块的日志格式及部署路径不同，因此需要在设计流量监控模块时要为待监控的进程模块指定配置文件，在该配置文件中写入相关模块日志的获取方式，比如可用正则表达式做关键字匹配。

一般的日志格式是一个时间戳一行，这样通过匹配每行的时间格式便可以统计出请求数。并不是所有的日志请求数都可以通过正则表达来解决，比如 MySQL 日志，在一段时间内的请求，只会记录起始的时间，中间的请求数需要单独统计，针对此种情况还需要单独处理。

7.2.2 数据存储

客户端在数据采集后，为保留好原始数据，不需要做任何处理，应立即将它们传送到数据中心持久化，供后续程序分析。

客户端的职责仅仅是采集原始数据，后续处理是其他模块的工作。因此，为方便后续程序使用数据，客户端采集的数据项应尽可能地多，除了必要的利用率和访问量外，还要把 CPU 核心数、采样间隔时间、整机 cpu_idle 等信息也一同采集。后续程序也许是位于其他主机上的模块，采集的数据最好是放在公共的数据中心，这里的选型是 MySQL 数据库，为此需要在数据中心为客户端程序及后续模块授权，使其允许读写相关库表。

为了每个数据项都可被标识，每一组采集的数据必须要具备主机名、模块名、数据采集的时间戳、数据采集项。除了要对采样的数据项有限制外，还要统一入库的格式，这样后续程序才便于处理，这一点可以通过建立表结构来限制采集项的写入格式。

7.2.3 样本合成

建立模型是通过样本数据拟合方程的过程，拟合之前，样本数据最好是通过全天的采集合成的。到现在为止，我们只在数据中心中有原始数据，分别是访问量和 CPU 利用率，还没有相应的样本数据。样本数据包含一对 x 和 y，其中 x 是自变量，表示访问量，y 是因变量，表示由访问量导致的 CPU 利用率。

在采集的数据中，我们可以通过机器名+模块名+时间戳，这 3 个条件找到对应的采集项，然后将它们合成。这两个采集项一个是从日志中抓取的访问量信息，它通常是以秒为单位的。另一个采集项是 CPU 利用率，它的时间周期是 n 秒（默认情况下将其置为 6 秒）。现在问题是，采集项访问量是以 1 秒为时间周期，采集项 CPU 是以 6 秒为时间单位，采样时间周期不统一，起始时间也不一致，可是无论如何必须将它们合成到一起才能凑成样本，这样才能进行后续的建模工作。

通常日志是以秒为单位记录的（还有可能更小），它可以组成做任意以秒为单位的时间周期的访问量之和，而 CPU 利用率都是以 n 秒为单位，因此，较合适的方法就是以小时间周期去适配大的时间周期，可以以 CPU 的采集时间及周期为准，将时间戳属于 1 个 CPU 采集时间周期内的所有日志归并到以该 CPU 起始采集时间段中，用时间这段日志访问量的总和作为 x，而 CPU 利用率不加处理，直接作为 y。

7.2.4 样本数据清洗

建立模型采用的样本决定了回归方程的精确性，而回归分析是用过去正常的数据去反应未来正常的情况。因此，我们要用符合大部分情况、或者是正常情况下的样本。在原始的样本中，由于 IO 阻塞、CPU 利用满等原因，必然会产生一些不符合常理的样本数据，因此，在得到样本数据后也不能直接用，必须将其去除。

另一方面，样本数据应该用段中数据为准，两端的数据往往包含“冲击载荷”，CPU利用率显得很不正常。原因是一般的模块都会采用缓存，目的是为更快地响应请求，以减少 CPU 利用率。但缓存是用来保留一些访问过的请求，后来再有相同请求时缓存模块才会起作用，程序在整个生命周期内大部分时间都是工作在缓存机制下，因此，CPU 利用率并不会很高，这就是缓存的效果。可是第一次在访问时，由于缓存中还没有数据，程序会老老实实地处理，然后再将处理的结果塞入缓存。因此模块在起初运行时消耗的 CPU 较高，而这并不是常态，所以要把最初的样本数据去掉，避免给模型造成干扰。

除了去除不正常的样本外，还可以用另外一种方法使数据变得“正常”一些。我们可以将样本数据周期增大，因为大部分的数据都能够表示常态，加入一些常态的数据样本，可以抵消小部分不正常数据对样本的影响。也许这么说还是有些抽象，举一个例子，比如研究女孩心情的愉快程度和男朋友相处时间的关系。男孩在一般情况下都很关心女孩，但偶尔也会和女孩吵架（当然有可能吵架的发起方是女孩），这时候女孩自然会生气。但偶尔的一次生气并不表示女孩和男孩相处期间长期处于生气的状态，大部分的时候都是快乐的，假如女孩生气只是发生在这半小时之内，因此，可以将样本放大为一天甚至一周，这样，这半小时的情绪低落便被大量正常的状态“淹没”。

如图 5-11 所示，微观上的样本数据都是锯齿状，它们是不断波动的，这其中就包含了不正常的样本。而在宏观上样本数据才是近似光滑的曲线，因此，可以扩大样本周期来拉平这种异常，这正是上面例子的具体体现。尽管在大多数情况下不对样本做任何放大处理也能拟合成效果很好的直线，但这往往取决于模块本身的特性。比如对于 nginx 这种只做转发和静态请求的模块，用原始数据直接做回归，得到的结果几乎都是相关系数为 0.95 左右的强线性方程，但对于 PHP 这样的模块，一般情况下只有 0.85 左右，这里注意的是，nignx 通常情况下只是任务调度器（或叫转发器），只负责解析 url，这通常是消耗 CPU 资源，或者只处理静态请求，而这仅消耗 IO 资源，那些动态请求是由后面 cgi 集群完成的，如 PHP，因此 nginx 的实际负载很稳定，基本上与业务无关。但类似 PHP 这种只处理动态请求的 cgi 就不同了，它的实际负载取决于代码逻辑，也就是具体到自己代码或系统调用的实现，业务不同，代码自然就不同。还有，这种以 fork 形式实现并发的模块通常在主程序内部有自己的管理策略，其策略通常是在配置文件中配置的，这对该模块的 CPU 利用率有直接的影响。拿 PHP 举例，这里先和大家说明一下，PHP

脚本是由 PHP 解析器来解析执行的，因此，脚本本身并不会消耗 CPU，而是 PHP 解析器会消耗 CPU。比如在 php-fpm.conf 中配置了 PHP 脚本的最大执行时间为 10 秒，此时有大量执行时间超过 10 秒的脚本程序开始执行，在前 10 秒内 CPU 利用率会猛增，但过了 10 秒后，PHP 解析器内部的管理器会将处理这些脚本的任务杀掉，故此时 PHP 解析器的 CPU 利用率会一下子掉下来。因此 cgi 的 CPU 利用率与业务和配置环境是息息相关的，我们这里所说的 PHP 模型的相关系数为 0.85，仅代表测试时所使用的测试代码和实际 PHP 的配置情况，不能表示所有的业务情况，请大家知晓。

依赖关系是进行回归分析的前提，这通常在监控中就可以看到。比如一天的访问量和一天的 CPU 利用率，其曲线趋势必须是一样的，这样就表示这两个因素是相关的，只有在这种情况下我们才有可能通过回归分析找到其关系。我们这里的样本数据时间周期粒度是 6 秒，这太小了，在监控图上将数据局部放大时，我们看到的全是锯齿，在任何时间点上都看不出有任何相关的迹象，因此，在创建样本时可以适量扩大样本周期以显示为平滑的曲线，至少在感官上会觉得有依赖关系，这样做回归分析时也会更有信心。总之，在对样本回归之前，最好是把样本数据按照时间序列表示绘制成线，如果各因素之间呈相同的曲线趋势，这才表示有依赖关系，这才是回归的前提，否则是没有意义的。这里我们用 1 分钟的数据作为新的样本，也就是用 10 个样本数据的和做回归，这样得到的方程会更加符合预期。

7.2.5 模型建立

数据经过清洗后便可以建立模型了，具体采用的模型形式取决于业务。我们的例子模块及代码很简单，这里暂时定为两种模型。

（1）线性模型。

（2）多项式模型。

多项式是较通用的模型，可以增加项数来适配复杂的图形曲线，可以把它当成通用模型来使用。

在实际样本中会把以上两个模型都试用，先做线性回归，如果线性模型的相关系数小于 0.8 时，这时便考虑多项式模型，然后找出判定系数最大的为最终的模型。当然这种做法也不是很靠谱，最好多采用一些模型再比较。

一般情况下，如果机器是同质的，也就是硬件配置相同、操作系统等软件环境也相同，机器及模块所对应的公式应该是相同或至少是类似的，如果机器不同质，同一模块对应的公式很有可能是不同的，因此，模型的建立是基于机器而不是一概而论。

通常模型拟合优度越高越好，但还要考虑实际意义，有的模型并不会让CPU随着访问量的显著增大而同步增大，这通常是模型选型的问题，尤其是在自变量较多的模型中有体现，这需要在实际估算中不断修正。

值得注意的是，业务不同，有可能相同的模块所消耗的CPU也是不同的，因此，最直接有效的模型应该用当前的样本来建立，如果当前的样本量不足，用最接近当前的完整样本，比如前一天的数据。每次建立的方程记录到库中，这样便于直接调用，不需要在分析过程中重新估算。

7.2.6 机器关系获取

一个产品线就是一个独立的产品，容量规划最大的对象就是产品。尽管容量规划可以精细到以某机器上的某个模块，但通常情况下我们关注的是产品容量。

产品的组成从上到下依次是：产品、服务、集群、机器。因此，产品的容量最终要量化到机器上。容量管理不仅只用在某个产品中，而是定位于通用产品。但是，服务器通常仅服务于某特定的产品线，比如game.×××.com中的服务器不会服务于jingyan. ×××.com，因此，必须分别获取不同产品线中的机器列表。实际的产品与机器的关系如图7.4所示。

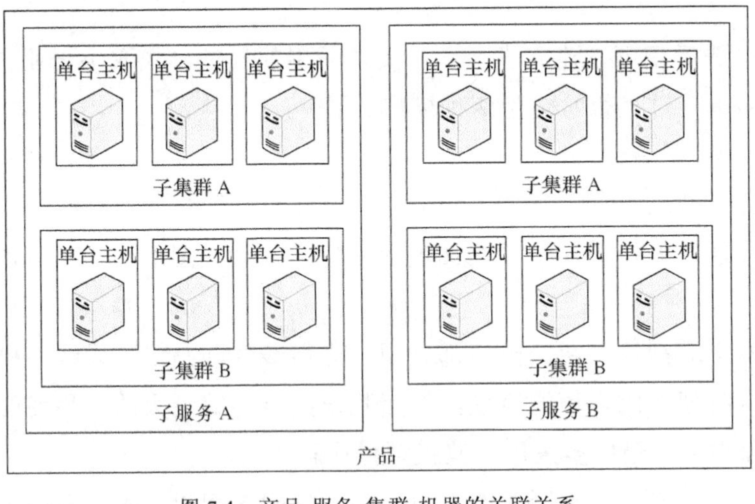

图7.4 产品-服务-集群-机器的关联关系

如图 7.4 所示，当获得一个产品时，其所涉及的机器列表要通过中间的服务和集群才能获得，必须逐层得到这些信息。由于容量管理系统不负责维护产品线机器信息，这是由第三方接口提供的，通常是由公司内网的服务系统维护，容量管理通过该接口获取相应产品下的一切信息。

运维人员隶属于某个产品线，因此，当用户登录时可以通过其 id 获取所拥有的产品线，根据选择产品线的信息获取产品的服务列表，在服务中又可以获取集群列表，集群中又可以获取机器列表。在有了服务信息、集群信息、机器信息后，后续操作就可用自己收集的信息处理了，从而可以估算当前产品的容量。

7.2.7 预估后端流量

目前的容量工作是由访问量作为样本的 x 来预估 CPU 压力 y，必须提供作为流量的 x 才能获得 CPU 压力。

在现实生产环境中，很少出现一个服务中只包含一个集群模块的情况，某个服务通常是由多个集群组成的，通常情况下，服务只有一个流量入口，这种情况如图 7.5 所示。

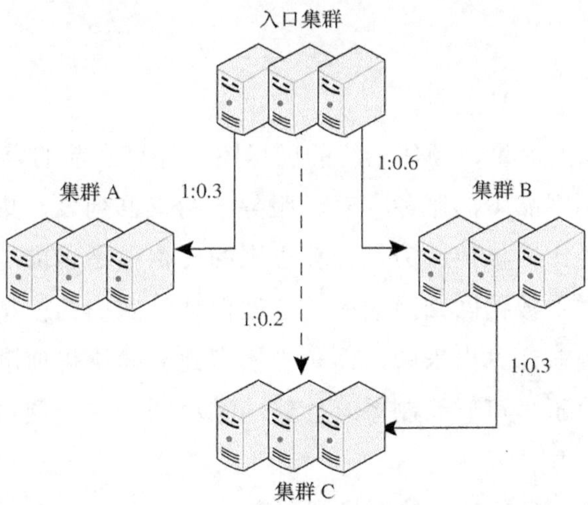

图 7.5 服务中集群流量比例（图中的比例都是粗略估计）

图 7.5 中描述了一个服务中集群流量的大概比例，根据以下步骤便获取任意集群流量。

（1）从入口集群进来的流量，在业务不频繁变更的情况下，一定会以一定比例落到后端各集群，集群 C 上的流量是由集群 B 引入的，虽然入口集群并未直接访问集群 C，但由于入口集群与集群 B 的流量关系呈一定比例 1:0.6，因此，受这个因素的影响，集群 C 的流量与入口集群有一定比例。

（2）根据入口与后端各集群流量的关系，推算出各集群的流量。当然也未必非要以入口为基准，各集群间的流量都具备一定的比例，自由选择即可。

（3）将步骤（2）中估算的流量代入模块的公式，推算各模块占用的 CPU。

（4）将各模块占用的 CPU 相加，然后加上周边进程的利用率，求得整机 CPU 利用率。

还有一点要说明的是，在个别产品线中，一个机器上同时承担几个模块，也就是一个集群是几个模块的结点，比如：

- 集群 A 是模块 A 的集合，集群 B 是模块 B 的集合。为了节省机器资源，机器 1 上同时部署了模块 A 和模块 B，因此，机器 1 同时隶属于集群 A 和集群 B。
- 为节省机器资源，相同模块在同一台机器上部署多个。

对于这两种情况，集群的流量比例要按照逻辑划分，不能按照集群中机器的数量，当发现同一机器存在多模块部署时要分开流量、合并 CPU 利用率。

7.2.8 预估分析

容量管理系统要完成 3 类工作。

（1）根据当前产品的流量，预估系统的燃尽图，计算当前的容量利用率。

此项工作需要得到产品下的服务列表、服务下的集群列表、集群中的机器列表。用当前各系统的实际压力比上极限压力，计算出来的比值便是当前的容量利用率。极限压力是用前一天完整的样本数据回归而成的，这样保证了回归的模型最接近当前业务。预估采用的模型并不是当前计算出来的，而是由模型建立模块提前准备好的，这减少了预估的时间。通过此极限压力可以绘制系统性能的燃尽图，这样便可获知系统当前的容量及未来可承受的最大压力。

（2）根据新的流量，预估产品的容量利用率。

此项工作需要得到产品下的服务列表、服务下的集群列表、集群中的机器列表。需要事先知道入口服务有哪些机器，从监控系统（数据项采样库）中获取同一时间段的流量总和，以此推算各服务与入口服务的流量比。用此流量比值计算各集群的流量，用新的流量评估各集群新的 CPU 利用率。要注意的是，当一个机器属于多个集群时，也就是一个机器上部署了多个模块时，要将多个模块的压力合成，如果超过了新的整机的最大阀值，此机器相关的所有集群都被宣称为处于最大容量利用率。

一般来说，一个机器上除了服务的模块外，还有一些周边的进程在进行，它们自身也要占用一些 CPU 时间。容量规划时必须要保证这类程序有机会执行，因此保守起见，以 10%的 idle 作为整机的最高容量利用率。在实际估算时，若模块的 CPU 利用率+周边进程的 CPU 利用率等于 90%时，则称为容量利用率达到 100%。

（3）计算需要下架的机器数。

容量规划的另一个作用就是评估产品所使用的机器数量，这有利于公司资源的合理运用。

和前两个功能类似，在得到机器、集群的关联关系后，保守起见，将当前产品的容量利用率置为用户指定的百分比，反推各集群容量达到预期百分比时所需要的机器数，用原有的机器数减去这个新的机器数便是各集群该下架的机器数。

7.3 系统的估算流程

容量规划必须以某个产品为主，用其下的服务、集群来衡量。整个业务的分析过程应从获取产品信息开始，然后获取其服务、集群信息，依次获取各级的机器列表。

（1）根据机器列表，到数据中心获取机器上所拥有的模块的公式。

（2）如果是测算当前产品的容量利用率，则把当前模块的流量代入公式。

（3）如果是估算新的流量对应的容量利用率，则根据入口服务（或集群）的流量与后端服务（或集群）流量的比例，将后端的流量引入到各个机器结点，随后将流量代入模块公式。

（4）将各模块产生的新的压力求和，保留其他周边模块的 CPU 利用率，测算是否达到单机的最大容量利用率。

（5）向上回溯到集群，找出集群中的短板单机容量作为整个集群的容量，再向上回溯，找到服务中的短板集群容量作为整个服务的容量，再向上回溯到产品，找出产品中的短板服务容量作为整个产品的容量。

其过程如图 7.6 所示。

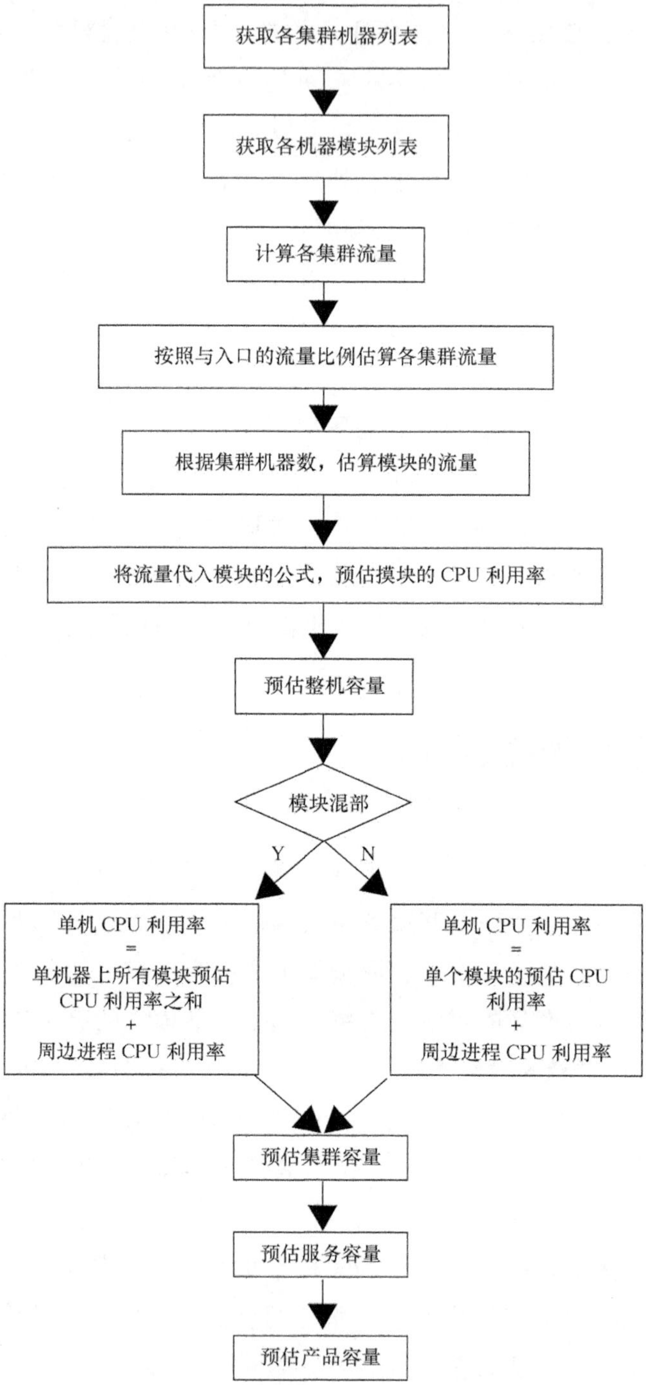
获取各集群机器列表
获取各机器模块列表
计算各集群流量
按照与入口的流量比例估算各集群流量
根据集群机器数，估算模块的流量
将流量代入模块的公式，预估摸块的 CPU 利用率
预估整机容量
模块混部
Y
N
单机 CPU 利用率
=
单机器上所有模块预估
CPU 利用率之和
+
周边进程 CPU 利用率
单机 CPU 利用率
=
单个模块的预估 CPU
利用率
+
周边进程 CPU 利用率
预估集群容量
预估服务容量
预估产品容量

图 7.6 容量估算过程

7.4 本章小结

本章主要介绍了容量规划的业务需求及在功能实现上的逻辑。

首先介绍了样本数据获取的过程。

（1）先要建立一套监控，容量规划所需的数据必须通过监控系统采集。

（2）通过监控获取原始数据，存储到数据库。

（3）数据清洗，去掉不正常的样本数据和扩大样本周期。

其次介绍模型建立的过程，用清洗后的样本数据做回归，为每个机器的每个模块建立方程。

最后介绍了获取产品下的机器列表过程，容量规划是自底向上，从机器的模块开始往上进行的，因此，在最后估算时必须以机器为单位。

第 8 章　容量管理系统设计

根据需求分析，容量管理系统需要实现以下功能：

（1）为产品服务提供实时的容量展示信息；

（2）可以预估未来某流量之下的系统容量；

（3）以任意流量压力和容量利用率来优化服务中的机器数量；

（4）展示产品可承载的最大流量。

下面围绕这几方面展开系统设计。

8.1　容量管理系统总体结构设计与框架

容量管理系统是基于监控系统，数据分析中的数据来自监控信息，因此，本系统总体结构设计的组织结构为：数据收集、数据分析、数据存储及数据应用。

系统的逻辑结构设计流程为。

（1）构建监控系统，以一定的时间周期采集模块、机器的 CPU、IO 等详尽的监控信息，不对它们做任何处理，保留原始数据到数据仓库，供后续模块单元分析。

（2）从数据仓库中获取模块的诸多异构数据，对其进行组织、清洗、聚合成统一结构，然后将整合后的数据转储到数据仓库，进行后续工作。

（3）在数据仓库中进行多维建模，为模块选出最优的模型，持久化到数据仓库。

（4）根据业务需求开发出相应的功能模块，以图形或报表等较直观的方式展示查询结果。查询功能包括即时查询、预估查询、优化查询、燃尽查询。

（5）为管理数据仓库，要维护一份元数据以帮助系统运行。

本容量管理系统主要分为 3 个层面——显示层（用户界面）、业务逻辑层和数据层。

（1）显示层（UI）是用户与系统交互的界面，用来响应用户查询、展示产品的容量利用率、估算压力等查询结果。

（2）业务逻辑层是用来接收用户请求、识别请求类型并进行相应处理，返回请求结果。

（3）数据层是指数据仓库层面，这包括采集到的监控信息，建立的模型公式等，主要用于为业务逻辑层提供模型。

系统架构如图 8.1 所示。

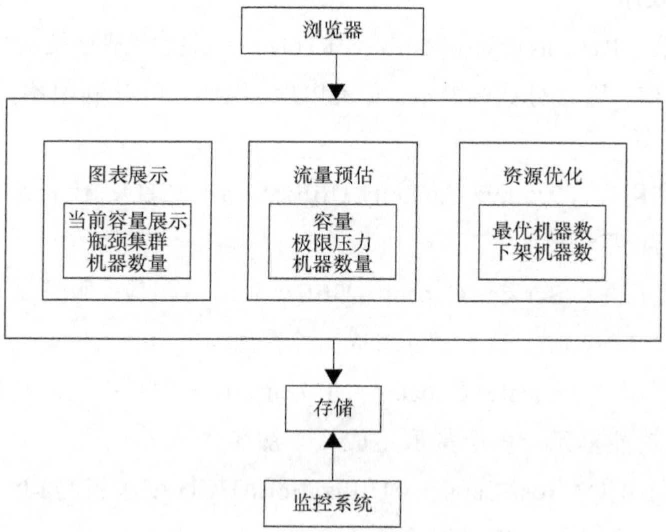

图 8.1　容量管理系统架构图

8.2　容量概念约定及计算方法的设计

8.2.1　容量概念约定

由于容量管理还是个新兴的项目，没有现成可借鉴的标准，因此，在开发之前，必须要在关键概念上达成共识。

- 业务类型：这是指一个系统对外提供的服务类型，如流量、存储空间、内存、计算量等。

- 利用率：某类型业务中实际使用的量占总量的比值，用百分比%表示。
- 容量（Capacity）：为保证服务正常，任何服务都要有个服务等级协议，即 SLA，容量是指在 SLA 规定中，各项 KPI 所允许的服务质量范围内，系统所能承担的总的业务量。此项表示系统接近扩容的极限值，为稳定起见通常要有所保留。
- 容量利用率（Capacity Utilization）：指系统实际承担的业务量/系统能承担的总业务量，用百分比%表示。
- 资源利用率（Resource Utilization，RU）：指系统中某项资源实际使用量占该项物理资源总和的比值，用百分比%表示。如 CPU 利用率、内存利用率、网卡流量利用率、磁盘空间利用率。
- 产品容量利用率（Product Capacity Utilization，PCU）：代表某个互联网产品（网站）的利用率，如百度音乐。
- 服务容量利用率（Service Capacity Utilization，SCU）：服务是指为打造某个产品而共同协合的多个功能单元，多个服务组成一个产品。
- 集群容量利用率（Cluster Capacity Utilization，CCU）：集群是指为完成某个服务而共同协合的多个功能单元，多个集群组成一个服务。
- 单机容量利用率（Host Capacity Utilization，HCU）：单机是构造集群的结点单元，一个集群通常是由一个以上的机器组成的。

8.2.2 容量等级划分

容量估算要结合实际服务系统，一般情况下，服务是由模块集群组成，集群一般是由多台机器组成，因此，容量也要按照这些等级估算。按单位来划分，容量从小到大分为以下类别。

（1）单机（Host）：单台服务器，作为集群中的结点，它作为容量计算的单位数据源，并且是容量评估的最小单位。

（2）集群（Cluster）：集群由多个单机组成，它是多个功能相同、环境相同，共同承担某项业务的机器群体。

（3）服务（Service）：服务由多个集群组成，它是多个部属相同或相似，共同承担某个业务的集群。

（4）产品（Product）：产品由多个服务组成，它是对用户提供某种服务，满足用户某种需求的网络服务。

8.2.3 容量利用率计算方法

为方便设计，做出如下假设。

（1）假设集群内采用轮询的方式做负载均衡，每台服务器都均匀分担集群的总业务量，并不存在某台机器流量加权的情况（多台机器的硬件配置可以不相同）。

（2）假设集群内的机器正常运行，不能总是出现机器下线的情况。集群中的每台机器都正常提供服务。

基本原则。

遵循木桶原理，无论容量对象是单机、集群、服务，都采用最短板系统的利用率，也就是嵌套来取各系统的最大利用率来表示整个产品的利用率。各种容量计算方法如下。

（1）机器容量（HCU，Host Capacity Utilization）：单机的 CPU 利用率为单个机器的容量。

（2）集群容量（CCU，Cluster Capacity Utilization）：CCU = AVG(HCU1,HCU2 ... HCUn)，将集群中所有机器结点的平均容量利用率作为整个集群的容量利用率。

（3）服务容量（SCU，Service Capacity Utilization）：SCU =MAX(CCU1,CCU2 ... CCUn)，取最短板集群的容量利用率作为服务的容量利用率。

（4）产品容量（PCU，Product Capacity Utilization）：PCU =MAX(SCU1,SCU2 ... SCUn)，取最短板服务容量利用率作为产品的容量利用率。

综上所述，产品的容量利用率是由产品中某服务下的最短板集群性能决定的。此外，还有两点需要注意的地方。

（1）集群容量利用率的算法。

集群容量利用率采用集群内所有机器利用率的平均值，这么做有两个原因：一方面是避免单一机器的性能抖动造成误判，集群中的机器偶尔会有异常的情况，但不属于故障，只是偶尔的业务波动，并不是常态。为消除个别机器由于突发事件带来的整个集群的波动，集群容量等于各单机容量的平均值。另一方面是任务调度器会根据集群中机器结点的压力来分配任务，避免了压垮单一结点的情况。

（2）一段时间周期的处理。

用某个时间周期内的容量最大值（峰值）表示这个周期的容量利用率。

8.3 数据显示层的设计

用户界面设计

由于容量管理系统是内网机器管理系统中的一个子系统，因此，并不负责用户登录及授权信息。这些信息由机器管理系统调用登录系统接口来完成，到达容量管理系统后已经是身份认证通过后的状态。

每个用户有相应产品线的权限，用户在容量界面中看到的应该以树形结构展示产品线信息。通过选择不同的产品线来展示相应的容量状态。

用户界面分为两大部分，左边是产品线内集群、机器的树形结构以及查询面板，右边是所有结果的展示区中，默认显示服务的当前容量利用率。

用户可以在查询面板中选择相应的功能，这是用户与系统唯一交互的地方。

面板支持的功能有。

（1）默认情况下，在工作区中展示当前产品的容量利用率，由 capacity 模块完成。

（2）提供容量预估功能，用户提交新的流量压力后，工作区中的内容变成新容量利用率，由 forcast 模块完成。

（3）提供产品服务优化功能，用户可以用当前实际的流量压力或预估未来的流量压力与自定义的容量利用率，组合成自己想要的机器分配比重，由 refine 模块完成。

（4）展示系统的燃尽图，告知产品可承载的最大的流量压力，由 burn_down_chart 模块完成。

用例图如图 8.2 所示。

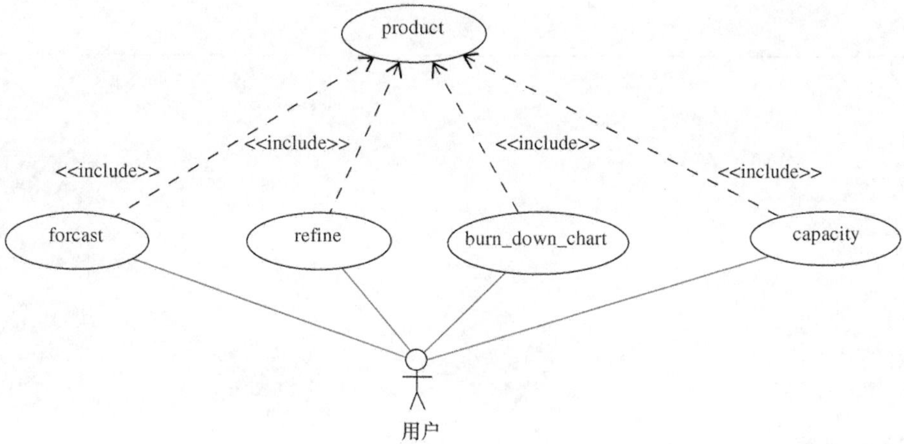

图 8.2 UI 用例图

时序图如图 8.3 所示。

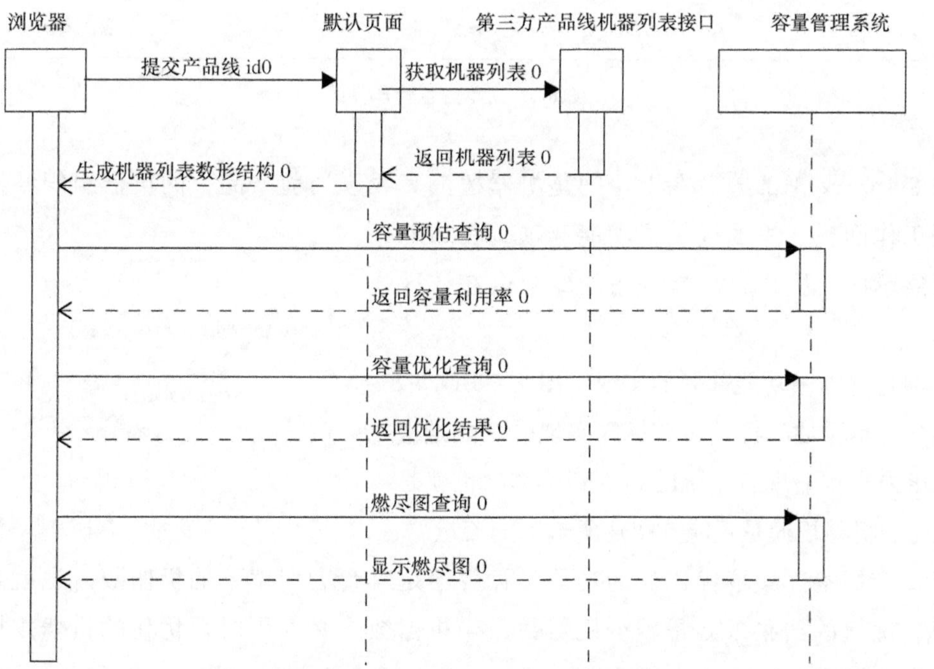

图 8.3 UI 时序图

至于界面先给个简单的 demo，如图 8.4 所示。

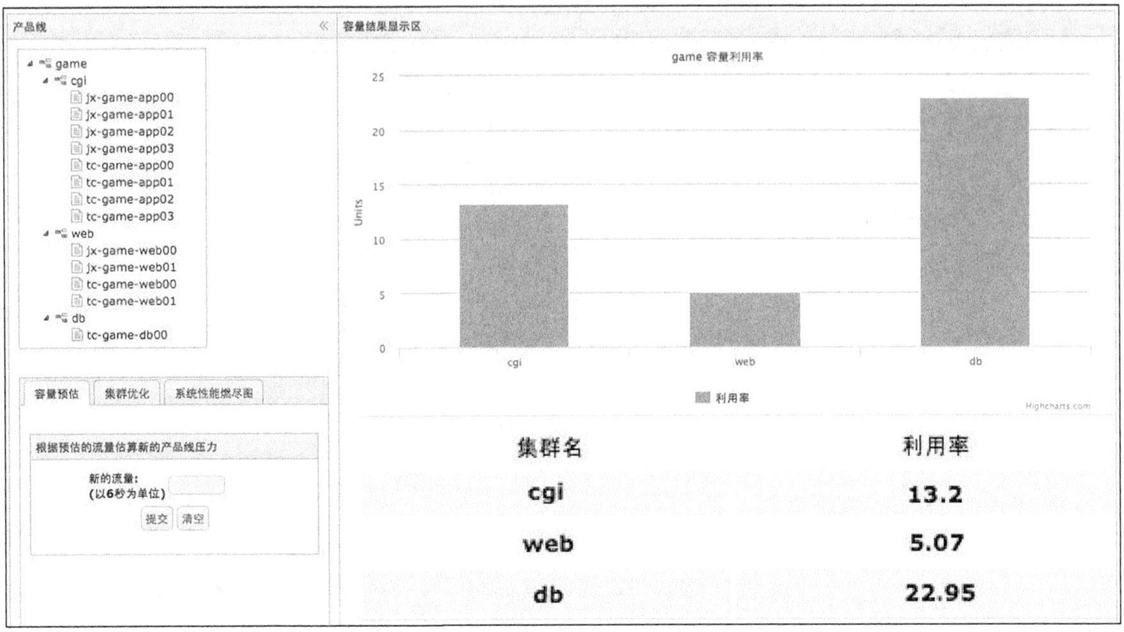

图 8.4　简单容量管理界面

图 8.4 分成 3 部分，左上角的是机器树，其表示当前产品下的机器组织结构。左下角的是工作面板，里面提供了功能选项。右边的是结果展示区。从 Server 端获得的结果会在该区中显示

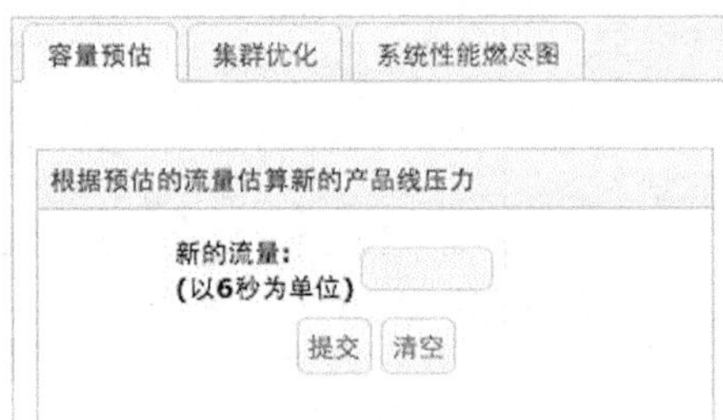

图 8.5　局部面板

下面是界面中功能部分的实现。图 8.5 所示的第一个“容量预估”标签，该标签实现的功能是根据新的压力来预估现有系统的容量利用率，也就是估算现在的机器规模是否能扛得住所输入的流量。

第二个标签“集群优化”的功能是计算给定容量利用率下的机器数，也就是优化机器规模。优化的结果未必是减少机器数，当机器数未必够用时，优化的机器规模有可能会比原来机器多。当展开集群优化标签后，选择适当的容量利用率后，优化结果如图 8.6 所示。

第三个标签实现的是“系统性能燃尽图”，也就是展示系统随着流量的增大，容量利

用率逐渐降低的图像。

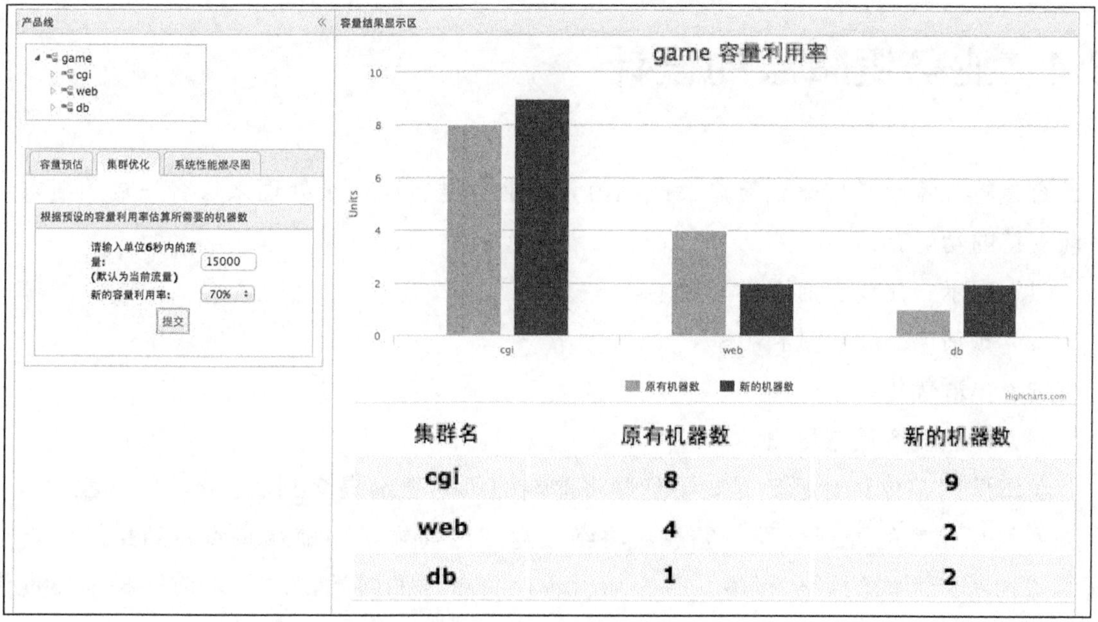

图 8.6　标签集群优化的功能

系统性能燃尽图中提供的粒度有产品线及集群，因此，可以按照整个产品线及集群的单位分别查看。在单击提交后，结果如图 8.7 所示。

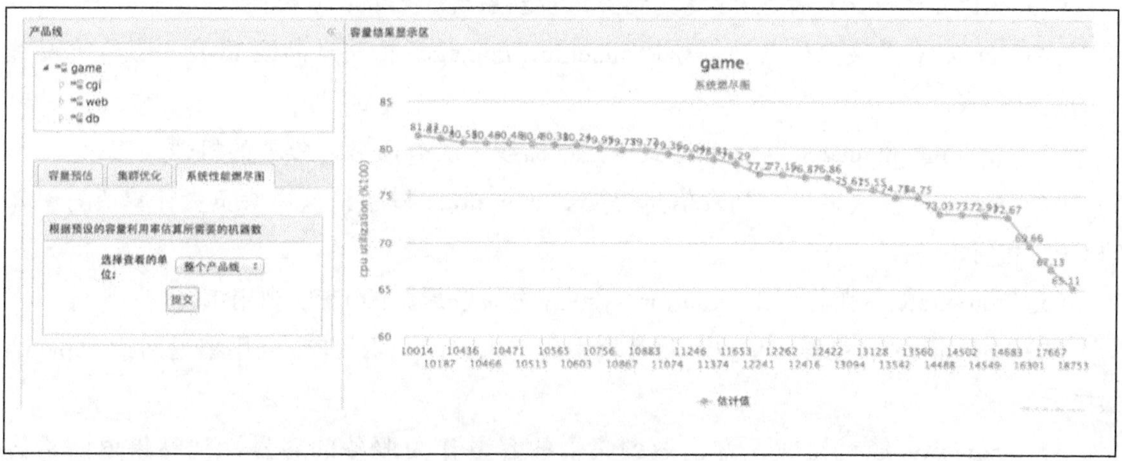

图 8.7　系统燃尽图

以上工作区中显示的便是燃尽图，随着流量增大，产品的容量可用率逐渐降低。

8.4 业务逻辑层的设计

容量管理系统是用来估算产品线的容量，业务逻辑层用于处理来自客户端的请求。目前支持的功能有。

（1）展示产品线当前容量利用率。

（2）预估产品线容量利用率。

（3）集群优化。

（4）产品线容量燃尽图。

逻辑层的整体设计思路是，浏览器将前端的所有查询提交到后台 cgi 脚本程序，后台脚本执行相应的处理过程，完成后将结果返回给前端，由前端负责将结果展示。不同的查询对应不同的后台程序，每个后台程序有单独的参数，这是由前端脚本负责传入的，后台程序的核心操作是获取产品线机器、模块信息并从数据库中检索相应的请求量、CPU 利用率及公式，拼装好数据后发送给客户端。以下按照逻辑层的 4 个功能来介绍系统设计。

功能“展示产品线当前容量利用率”的设计方案为。

（1）在浏览器端将产品线 id 提交到容量管理系统的 capacity 模块。

（2）capacity 模块向机器管理模块 machine_manager 提交产品线 id 用以获取产品线下的机器列表。

（3）machine_manager 以 json 格式返回产品线下所有服务、集群的机器列表。

（4）capacity 模块将机器列表信息提交到 cpu_urate 模块，该模块负责计算所有机器的 CPU 利用率。

（5）cpu_urate 从监控系统 monitor_system 中获取最新的 CPU 利用率。

（6）cpu_urate 以集群为单位，将集群中所有机器的平均 CPU 利用率返回给 capacity 模块。

（7）capacity 经过比较，选出瓶颈集群的容量作为服务的容量，把结果返回给客户端。

流程图如图 8.8 所示。

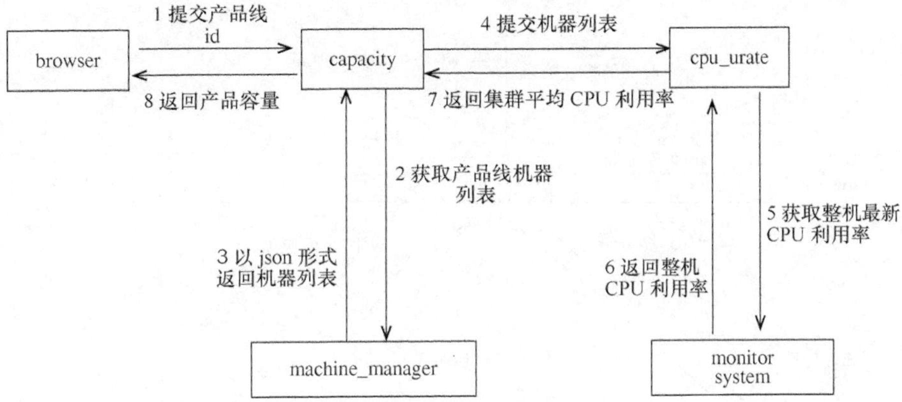

图 8.8 当前容量流程

功能“预估产品线容量利用率”的设计方案为。

（1）浏览器向模块 capacity_forecast 提交产品线 id 及新的流量压力，这里是指产品入门 6 秒内的压力之和。capacity_forecast 模块的作用是计算产品线在新的流量压力下的容量利用率。

（2）capacity_forecast 模块将 id 提交到 machine_manager，获取产品线下的机器列表及模块。

（3）从监控系统 monitor_system 中获取同一时间内所有模块的真实流量，此目的是为下一步计算集群流量与入口流量之比。

（4）将产品内机器及模块流量信息提交到模块 forecast_pv_mod，该模块的作用是计算各模块上预估的新流量并返回。

（5）capacity_forecast 向模块 formula 获取各模块的公式，每个公式反应的是流量与 CPU 压力的关系，将各模块新的压力代入公式，获取预估的 CPU 使用率。

（6）最后将预估的容量利用率返回到浏览器。

其流程图如图 8.9 所示。

功能“集群优化”的设计方案为。

（1）浏览器向 refine 模块提交新的流量压力和给定的容量比例，其中 refine 模块用于计算在指定的流量压力及容量下，预估的集群中的结点数。

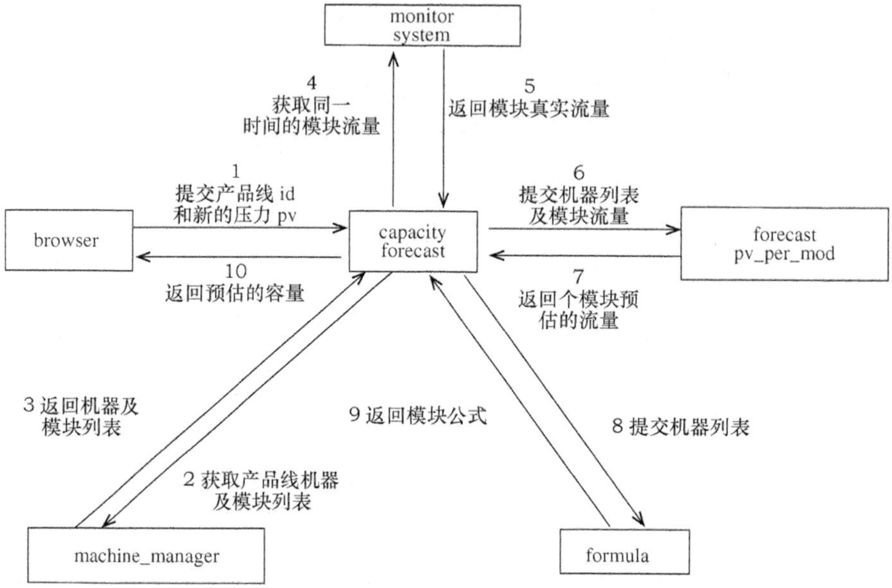

图 8.9 预估容量流程

（2）同 capacity_forecast 模块类似，refine 模块经过一系列的调用后，获得产品下所有机器及模块的公式。

（3）向 probe_access 模块提交给定的容量利用率及流量压力还有机器列表，其中 probe_access 模块用于探测集群中各机器结点在满足新的容量利用率（CPU 利用率）情况下的访问量。

（4）probe_access 模块根据公式，以给定的容量利用率作为单机的 CPU 利用率，以获得在该机器上的模块的最小访问流量并返回给 refine 模块。

（5）refine 模块用集群上预估的总流量除以单机上的最小访问量，得出优化后的集群结点数，并将其返回给浏览器。

流程图如图 8.10 所示。

功能“产品线容量燃尽图”的设计方案较简单，它同上面 refine 模块类似，由流量探测模块 probe_access 来完成，不同的是，燃尽图中是将容量利用率固定为 80%，计算出容量为 80%下的访问量便可，不再赘述。

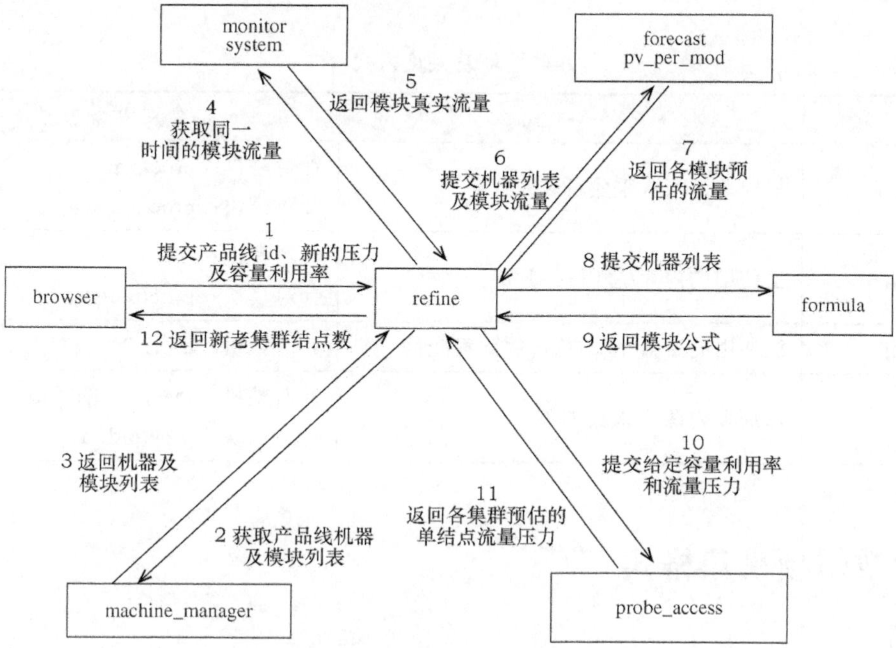

图 8.10 集群优化流程

8.5 数据存储层的设计

8.5.1 数据采集项

任何业务都要用到 CPU、IO、内存、存储、网卡流量等资源，但每种业务类型都有其最主要的资源消耗。根据所维护的业务类型，找出其最紧缺的资源，也就是最可能影响业务增长的资源，使之作为容量规划的衡量指标。因此，针对不同类型的业务需要进行不同的评估，进而需要监控不同类型的样本数据。

数据项采集决定了容量管理规划的业务种类，因为任何业务都会驱动 CPU 利用率，因此，目前的容量评估只考虑请求量和 CPU 之间的关系（为了方便扩展后续安排，将

IO 型、内存型及网络型业务的待监控的数据项也一统列出）。如表 8.1 所示。

表 8.1 监控项及采集方式

数据项	公式	级别/采集方法
CPU 利用率	每周期内两次采集的差	针对整机：proc/stat 针对模块：proc/pid/stat
MEM 利用率	已使用的内存/总内存×100	针对整机：free 命令 针对模块：proc/pid/statm
DISK 利用率	已使用的磁盘空间/总可用磁盘空间	针对整机：df 命令
IO 利用率	每周期内两次采集的差	针对整机：iostat 中的%util 针对模块：proc/pid/io

8.5.2 数据项采集格式

数据采集来自监控系统，先要实现监控程序，以自定义时间单位为一个时间周期进行数据采集，获取指标的瞬时值，计算其使用率，之后不做其他处理，保留原始数据。建议最小时间粒度为 6 秒，至少每分钟要有一个数据。

以时间戳作为 key，每个采集项作为值。无论任何采集项，都用这种统一的格式入库。针对不同的业务类型再进行扩展，目前的格式如表 8.2 所示。

表 8.2 数据项的采集格式

字段	描述
TIMESTAMP	数据获取的时间点
HOST_NAME	采集数据所在的主机名
MOD_NAME	采集的是哪个模块的数据
INTERVAL	两次采样的时间周期
采集项	数据采集的内容
CPU_NR	主机的 CPU 核心数量
CPU_IDLE	当前服务器的空闲率

8.5.3 样本格式

在获取了相关的采集项后，通过时间戳将其合成为一种格式，便于后续的建模，如表 8.3 所列。

表 8.3 样本的格式

字　段	描　述
TIMESTAMP	数据获取的时间点
HOST_NAME	采集数据所在的主机名
MOD_NAME	采集的是哪个模块的数据
INTERVAL	两次采样的时间周期
ACCESS	访问量，样本中的 x
CPU_URATE	CPU 利用率，样本中的 y
MEM_URATE	内存利用率
IO_URATE	IO 利用率
DISK_URATE	磁盘空间利用率

（注：后 3 项为扩展）

8.5.4 数据库设计

建立一个数据库 capacity，其中各表主要存储容量采集的数据项、样本、公式等，主要结构如表 8.4 所列。

表 8.4 数据库 capacity 中表结构

<table>
<tr><th>表　名</th><th>字　段</th><th>意　义</th><th>表 用 途</th></tr>
<tr><td rowspan="5">access_nr</td><td>machine_name</td><td>machine_name：机器名</td><td rowspan="5">表 access_nr 用来存储采集到的访问量</td></tr>
<tr><td>time</td><td>用来表示样本采集的起始时间点</td></tr>
<tr><td>mod_name</td><td>模块名，指样本或数据项所属的进程的名称</td></tr>
<tr><td>count</td><td>指单位时间_interval 内的请求量</td></tr>
<tr><td>_interval</td><td>数据项采样的间隔、周期</td></tr>
</table>

续表

表 名	字 段	意 义	表 用 途
cpu_use	cpu_urate	模块 CPU 平均利用率，也就是要除以核心数	表 cpu_use 用来存储采集到的 CPU 利用率
	_idle	采样时的整机空闲率	
	cpu_prog_on_idle	用来记录进程最后一次运行所占的 CPU 核心的 idle 利用率	
	faith	记录此次 CPU 的监控是否可用于样本	
	cpu_nr	CPU 核心数量	
cpu_sample	access		表 cpu_sample 用来存储表 access_nr 和表 cpu_use 中的数据合并后的样本
	cpu_urate		
cpu_formula	formula	拟合的公式模型	表 cpu_formula 用来存储模块的公式模型
	r	相关系数	
	limit_x	记录此模块最大的处理流量数	
	R2	判定系数	

8.6 CPU 监控模块的设计

本文计算 CPU 利用率的设计方案分两种情况。

- 总体 CPU 利用率算法。

两次间隔一段时间分别读取/proc/stat 中的第 2～5 列，将它们各自求和后相减，得出差 A，然后再用两次采样第 5 列的值的差比上差 A。

- 单个进程 CPU 利用率算法。

两次间隔一段时间分别取/proc/pid/stat 中第 14～15 列的值，就是 utime 和 stime，将它们各自求和后相减求出差 P，将差 P 转换成时间，再除以两次采样的间隔时间，最终进程的 CPU 利用率是时间差比上时间差，但是分子的时间差是分布在所有 CPU 核心上的时间片，分母上的时间差是采样的间隔周期，所有相同进程的 CPU 利用率之和很有可能超过 100%，因此，要将 CPU 利用率之和除以 CPU 核心数。

CPU 监控结果的精确性直接影响了后期模型的精准，因此，要求有较高的执行速度，故采用 C 语言编写监控程序。CPU 监控采用推送的方式，直接部署在待监控主机上，由监控任务分发模块 prog_mon 统一启动，对于模块的 CPU 监控模块 prog_cpu、prog_mon 需要为其提供主机名、进程路径及监控周期。

如果某个 CPU 的利用率已经到达 100，负载未全部分布到其他进程。这种样本不能用来建模，应该忽略。对于这种情况，在 CPU 采集过程中，若发现某个进程的利用率超过 90，就打上标签后续再处理。

监控模块 prog_cpu 的设计方案。

（1）获取 CPU 核心数

（2）获取当前时间。

（3）遍历/proc/下所有名为数字的目录，也就是目录/proc/pid/。

（4）读取/proc/pid/exe 文件，获取其值。

（5）判断/proc/pid/exe 的值是否与进程所在路径相同，若相同则表示找到，否则继续遍历。

（6）读取所有上步中找到的/proc/pid/stat 中的第 14～15 列，这两列分别代表 utime 和 stime，将所有同路径进程的此两项的值累加，用于计算该进程模块 CPU 利用率。

（7）读取/proc/stat 的前 5 项，用于计算整机 CPU 利用率。

（8）阻塞一定时间（采样周期）。

（9）重复执行步骤 2～7，计算两次采集的差值，分别是/proc/pid/stat 和/proc/stat 的两个差值，将进程使用的时间片转换为时间除以采样周期便是进程的 CPU 利用率，为平均到所有核心，将进程的 CPU 利用率除以 CPU 核心数。整机 idle 直接用/proc/stat 中的数据计算 idle 的比值。

（10）将进程 CPU 利用率和整机 idle 写入数据库。

（11）跳转到第 2 步。

流程图如图 8.11 所示。

注：流程是逻辑上的，具体实现部分以后面代码为准。

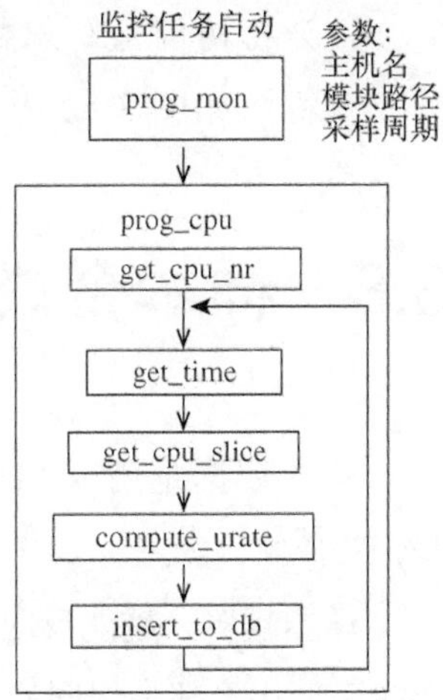

图 8.11 prog_cpu 模块流程

8.7 访问量采集模块的设计

模块的日志采集模块 log_stat_forcpu 也需要由 prog_mon 模块来启动，prog_mon 需要提供以下参数：日志所属的主机名 hostname、模块名 mod_name、日志文件名 log_file、采集周期 interval 及日志时间戳的正则表达式模式。

log_stat_forcpu 是专门针对模块 CPU 利用率的日志统计，因此，其监控的数据必须以对应模块的 CPU 利用率为主。访问量采集模块的设计方案为。

（1）获取日志中表示请求的模式字符串。

（2）获取模块对应 CPU 的监控时间点。

（3）以秒为单位，在日志文件中检索模式字符串，以获取每秒的请求数。

（4）把以秒为单位的访问量按照以“模块 CPU 时间点+采样周期”合成为模块在采样周期内对应的访问量。

（5）将访问量写入数据库。

流程图如图 8.12 所示。

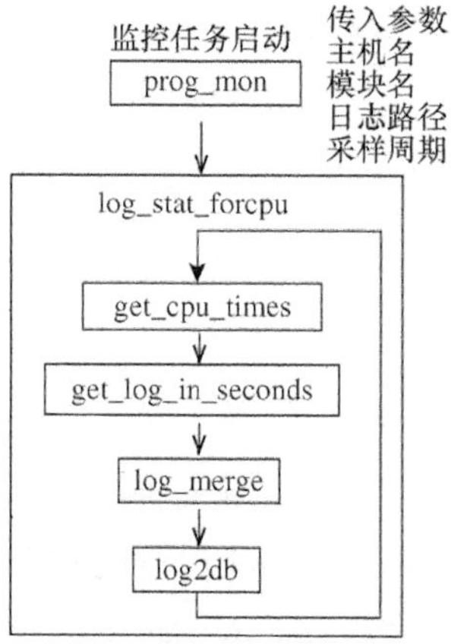

图 8.12 日志监控流程图

8.8 样本合成及数据清洗模块设计

样本数据是用 CPU 利用率和访问量合成的，可以根据这两个数据项的时间戳作为 key 来合并。

样本越多，越能反应出大多数的正常情况，因此，足够多的样本会使模型越精准。网站每天的流量几乎都是相同的，在每天的同一时段，流量和 CPU 利用率都很接近，这是由于用户行为每天呈规律造成的，所以在大多数情况下，一天的数据是较合适的统计周期。为了获得足够多的样本，合成工作最好在得到全天完整数据项后才进行，本系统是在第二天做样本合成。

建模本身是不断修正的过程，为方便建模，生成样本的同时，将产生样本的监控时间也写到库中，便于根据时间在日志中排查模型异常的情况。

样本中的数据是有噪音的，在建模之前必须将噪音去除。目前的处理方法是，将请求数升序排序，然后遍历所有采样数据，只要发现某样本数据的 y 值突然变大或变小，就丢弃不要。

还有一个问题，在大量的样本数据中，非常有可能出现相同的 x 值对应不同 y 值的情况。也就是相同的请求数对应不同 CPU 利用率。这通常是由于模块进程阻塞或请求不连续等原因造成的，对于这种情况，目前采取的做法是，去掉样本中不正常的值，对剩下的值求平均数。

下面举例不正常的数据，如图 8.13 所示。

图 8.13 中第二行的样本，x 为 1071，y 为 18.12、3.16 和 11.30，其中 y 值 3.16 明显不合适。处理此类值的方法是，若某个值与本组 y 平均值的差是该值的 2 倍以上就将其从列表中去掉。

样本生成的设计方案为。

（1）获取机器列表。

（2）获取模块列表。

（3）对全部机器中的所有模块遍历，分别获取模块 CPU 及其对应的访问量，将这两个监控信息相同的时间戳合成为一个样本。

（4）去掉样本中的噪音。

（5）写入数据库。

具体如图 8.14 所示。

```
nginx 1070 ['15.29']
nginx 1071 ['18.12', '3.16', '11.30']
nginx 1072 ['20.94', '13.30', '12.63', '14.62']
nginx 1073 ['8.98', '21.11']
nginx 1074 ['15.46', '16.62', '12.30', '13.63', '9.97']
nginx 1075 ['14.96', '10.97', '12.30', '13.80', '3.99', '11.97']
```

图 8.13 不正常的数据

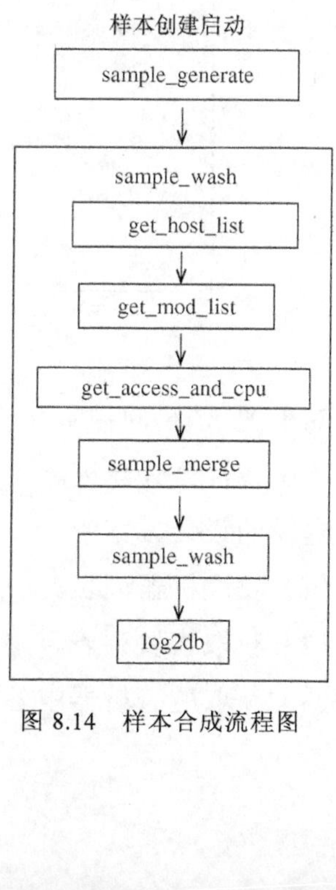

图 8.14 样本合成流程图

8.9　模型公式模块设计

容量管理系统的核心便是建模，所有估算操作都要以公式为指导。公式是由样本数据通过回归方法实现的，对同一批样本，我们目前采样两种方法来建模：直线和二次多项式（抛物线）。根据线性的相关系数及拟合优度，我们选择更优的公式。这里只选用这两种简单模型的原因是本测试用例的业务和模块都较简单，大家根据实际业务选择相应的模型。

对模型判优的原则是先判断相关系数，这表示模型是否趋近为直线，如果大于 0.9 则采用直线方程建模，否则采用多项式建模，如图 8.15 所示，对于此类图形采用抛物线来建模。

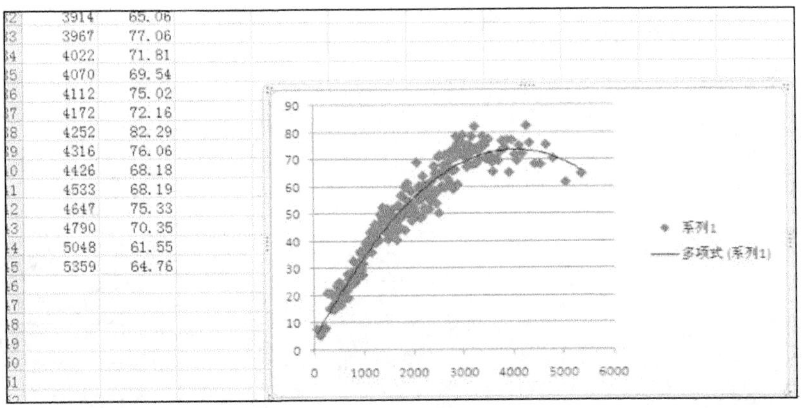

图 8.15　php-cgi 样本呈抛物线

对于图 8.16 的样本来说，虽然用抛物线建模也可以，但其相关系数已经大于 0.9，所以采用线性公式建模。

建模的设计方案为。

（1）获取机器列表。

（2）获取模块列表。

（3）获取所有机器中各模块的样本。

（4）进行线性回归，判断相关系数。若相关系数大于 0.9，则采用直线模型。

（5）进行非线性回归，与直线模型判断拟合优度，选择较大值。

（6）对非线性模型求导，找出最大访问量。

（7）将公式写入数据库。

框架图如图 8.17 所示。

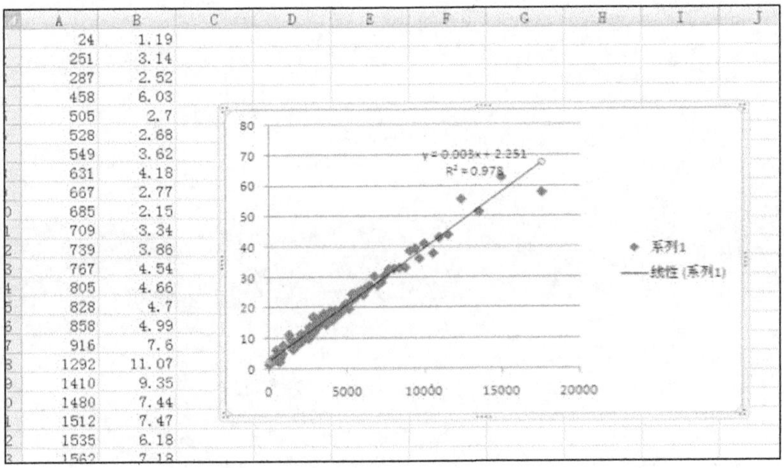

图 8.16 线性模型

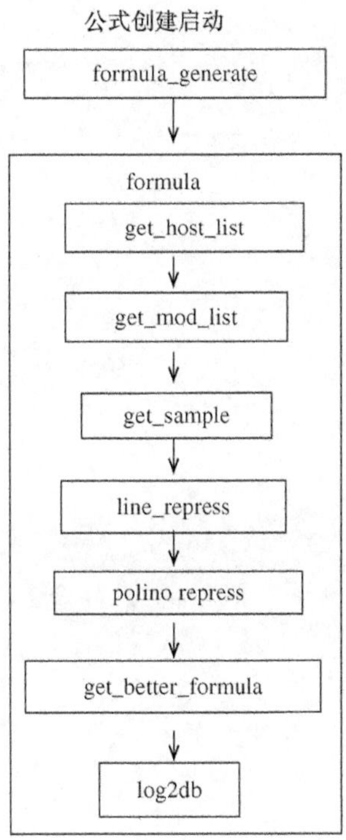

图 8.17 建模流程图

8.10 本章小结

本书中的测试用例和模块比较简单，用一元线性和一元二次多项式就够了。具体用什么模型，还是要取决于业务本身，所以，本书中的模块公式未必符合您的业务模型。

模型公式只是理想方程，我们在获得模型公式之后，在代入 x 之后，还要根据不同模块的特性加上一定的离差，一种方式是，遍历所有样本，找出离差最大的值作为模型公式的补偿，以接近于实际样本。

第 9 章　核心模块的实现

本系统仅是为了演示容量规划系统的设计思路，所以选择的应用环境非常简单，这里容量规划的例子是 4 台 nginx 加 8 台 php-cgi 加 1 台 MySQL 组成的小型网站，nginx 是流量的唯一入口。而线上实际生产环境要远比本例系统复杂，因此本系统从架构到模块实现都比较简单，容易阐述清设计思路。

本章只介绍核心、通用部分的实现，这包括：

- 从监控到样本生成；
- 样本清洗到建模。

与具体业务相关的部分就比较容易了，大家按照本地业务需求来实现。

本系统是 BS 结构，所运行服务基于 Linux 发行版 CentOS release 6.3 (Final)。系统比较简单，仅显示了容量系统的基本框架，包括 4 个部分：显示层、业务逻辑层、数据存储层、监控系统。

对于后台的处理模块，采用了典型的 lnmp 架构：webserver 采用 nginx 接受 http 请求，MySQL 做为数据中心，PHP 和 Python 作为后端主要的开发语言。

对于前端 UI 部分，本系统采用了开源方案 jquery+highchart+easyui，这样方便和丰富了各部分工作结果的展示。软件配置情况如表 9.1 所示。

表 9.1　服务模块参数配置

服　务　名	模　块　名	版　　本
Web 服务器	nginx	0.8.54
cgi	PHP	5.2.8
数据库	MySQL	5.0.51a
后台脚本语言	Python	2.6.6

续表

服 务 名	模 块 名	版 本
前端语言	jquery 库	1.8.3.min
前端框架	easyui	1.4.1
图表展示	highchart	4.0.1

下面以此为背景介绍系统的实现。

9.1 CPU 监控模块的实现

本部分用于从客户端上获取 CPU 利用率及请求数，因此是部署在客户端上的程序，自启动后便持续抓取数据。为获得更快地运行速度，此功能是用 C 语言来完成。

CPU 利用率是由代码 get_cpu_time.c 来完成的，下面代码 9.1 是原理及核心部分。

代码 9.1 （prog_cpu_time.c）

```
#include <stdio.h>
#include <fcntl.h>
#include <string.h>
#include <sys/types.h>
#include <dirent.h>
#include <unistd.h>
#include <sys/time.h>
#include <time.h>

#define PROC "/proc"
#define SAME_PROG_NR 256
#define CPU_NR 64     // 最大支持的 CPU 核心数

/******   单个进程 CPU 和整体 CPU 区别对待  ******
总体 cpuidle 等于单位时间内 idle 线程使用的时间片除以所有 CPU 的总体时间片
进程 CPU 利用率等于进程占用 CPU 的时间除以采样时间
*********************************************/

/* 计算总体的 cpu_idle */
struct idle_slices {
    unsigned long idle_slice;
```

```
    unsigned long all_slice;
};
/* 分别记录上一次和现在 idle 线程总的时间片 */
struct idle_slices all_cpu_idle_last, all_cpu_idle_now;

/* 分别记录每个 CPU 上次和本次的 idle 时间片 */
struct idle_slices each_cpu_idle_last[CPU_NR], each_cpu_idle_now[CPU_NR];

/* 计算单个进程的 CPU 和 IO 使用率 */
struct prog_cpu_io {
    int pid;                             // 进程的 pid
    unsigned long prog_cpu_slices;       // 进程 CPU 时间片数
    double io_read_kb;                   // 进程读入的 KB 字节
    double io_write_kb;                  // 进程写入的 KB 字节
};

/* 记录同一部署路径的所有进程的 CPU 和 IO 累积量 */
static struct prog_cpu_io prog_mon_info_last[SAME_PROG_NR],
prog_mon_info_now[SAME_PROG_NR];

/* 两次采样时间点 */
static struct timeval time_last, time_now;

char hostname[32] = {0};                 // 主机名
char mod_name[32] = {0};                 // 模块名

unsigned int cpu_nr = 0;                 // CPU 数量
static DIR* pdir;                        // 用于打开/proc 目录

int prog_on_which_cpu[CPU_NR] = {0}; // 进程运行所在的 CPU 编号
int global_cpu_idx_prog_on = 0;

/* 获取 CPU 数量 */
unsigned int get_cpu_nr() {
    unsigned int cpu_num = 0;
    char buf[1024];
    FILE* fp = fopen("/proc/stat","r");
    while(fgets(buf, sizeof(buf), fp)) {
        if (0 == strncmp(buf, "cpu", 3)){
            cpu_num++;
        } else {
            if (--cpu_num == 0) {
                cpu_num = 1;
```

```
                }
                break;
            }
        }
    fclose(fp);
    return cpu_num;
}

/* 定义默认参数 */
char* bin_path = NULL;                      // 部署路径
int delay = 2;                              // 默认监控周期是2秒

int prog_nr_now = -1;                       // 目前的同一部署路径的进程数

/* 获取监控信息 */
void get_monitor_info() {
    char buffer[4096+1];
    char* p;
    int fd, len;
    struct dirent* pdirent;
    prog_nr_now = -1;
    FILE* fp;

/* for fscanf */
    int tmp_int;
    char tmp_str[64];
    unsigned long tmp_long;
    unsigned long user_slice = 0, nice_slice = 0, sys_slice, idle_slice; // for all idle
    unsigned long utime = 0, stime = 0;                  // for prog
    int which_cpu_proc_assigned_to = -1;                 // 进程所在的CPU编号
    global_cpu_idx_prog_on = 0;

    /* 清空prog_on_which_cpu */
    int cpu_idx = 0;
    while (cpu_idx < CPU_NR) {
       prog_on_which_cpu[cpu_idx] = 0;
       cpu_idx++;
    }
    cpu_idx = 0;

/* 获取bin_path对应的程序的CPU利用率 */
    char pathname[32] = {0};
    /* 此时pdir指向/proc,遍历所有/proc/pid目录 */
```

```
    while ((pdirent = readdir(pdir)) != NULL) {
        if ((strcmp(&pdirent->d_name[0], "0") > 0) &&\
        (strcmp(&pdirent->d_name[0], "9") <= 0)) {
            strcpy(pathname, pdirent->d_name);
            strcat(pathname, "/exe");
            if (0 != access(pathname, F_OK)) {
                continue;
            }

            /* 读取/proc/pid/exe 到 buffer */
            len = readlink(pathname, buffer, 4096);
            buffer[len] = '\0';

            /* 如果找到同名部署路径的程序，读取其 stat */
            if (strcmp(buffer, bin_path) == 0) {
                *(strrchr(pathname, '/')) = '\0';     // 为下面的 strcat 连接点
                strcat(pathname, "/stat");

                if (NULL == (fp = fopen(pathname, "r"))) {
                    fclose(fp);
                    continue;
                }

                /* 读取/proc/pid/stat */
                if (fscanf(fp,
                "%d %s %c %d %d %d %d %d %lu %lu %lu %lu %lu %lu %lu
              %lu %lu %lu %lu %lu %lu %lu %lu %lu %lu %lu %lu %lu %lu %lu \
              %lu %lu %lu %lu %lu %lu %lu %lu %d",
            &tmp_int, tmp_str, &tmp_str[0], &tmp_int, &tmp_int, &tmp_int, &tmp_int,
            &tmp_int,
            &tmp_long, &tmp_long, &tmp_long, &tmp_long,&tmp_long, &utime, &stime,
            &tmp_long,
            &tmp_long, &tmp_long, &tmp_long, &tmp_long, &tmp_long, &tmp_long,
            &tmp_long, &tmp_long,
            &tmp_long, &tmp_long, &tmp_long, &tmp_long, &tmp_long, &tmp_long,
            &tmp_long, &tmp_long,
            &tmp_long, &tmp_long, &tmp_long, &tmp_long, &tmp_long, &tmp_long,
            &which_cpu_proc_assigned_to
                    ) < 0) {
                    fclose(fp);
                    printf("fscanf %s failed\n", pathname);
                    _exit(1);
                }
```

```

                /* 使该进程所在的 CPU 记录+1 */
                prog_on_which_cpu[which_cpu_proc_assigned_to]++;
                fclose(fp);          // 关闭/proc/pid/stat

/****************** 获取进程的 io *********************/
                /* 使 pathname 变为 proc/pid */
                *(strrchr(pathname, '/')) = '\0';     // 为下面的 strcat 连接点
                strcat(pathname, "/io");

                /* 打开/proc/pid/io */
                if (NULL == (fp = fopen(pathname, "r"))) {
                    fclose(fp);
                    continue;
                }

                char file_buf[2048];
                unsigned long read_bytes = 0, write_bytes = 0;
                double read_kb = 0, write_kb = 0;
                if (fread(file_buf, 1, sizeof(file_buf) - 1, fp) <= 0) {
                    fclose(fp);
                    printf("fscanf %s failed\n", pathname);
                    _exit(1);
                }
                fclose(fp);
        /* 从 read_bytes 后面开始读数据 */
                char* pos = strstr(file_buf, "read_bytes:");
                if (pos != NULL) {
                    if (1 == sscanf(pos + 11, "%ld", &read_bytes)) {
                        read_kb = read_bytes / 1024.0;
                    }
                }
                pos = NULL;
                pos = strstr(file_buf, "write_bytes:");
                if (pos != NULL) {
                    if (1 == sscanf(pos + 12, "%ld", &write_bytes)) {
                        write_kb = write_bytes / 1024.0;
                    }
                }

                prog_nr_now++;          // 默认值是-1, 所以先++
                prog_mon_info_now[prog_nr_now].pid = atoi(pdirent->d_name);

```

```
                /* 将第 13~14 个字段加起来,utime+stime */
                prog_mon_info_now[prog_nr_now].prog_cpu_slices = utime + stime;

                /* 写入 IO 信息 */
                prog_mon_info_now[prog_nr_now].io_read_kb = read_kb;
                prog_mon_info_now[prog_nr_now].io_write_kb = write_kb;
            }
        }
    }

    /* 1 获取全部 CPU 利用率 */
    if (NULL == (fp = fopen("stat", "r"))) {
        fclose(fp);
    }

    /* 读取/proc/stat 第一行，即总的 CPU */
    if (fscanf(fp, "%s %lu %lu %lu %lu %lu %lu %lu %lu %lu",
          tmp_str, &user_slice, &nice_slice, &sys_slice, &idle_slice,
          &tmp_long, &tmp_long, &tmp_long, &tmp_long, &tmp_long) < 0) {
        fclose(fp);
        perror("fscanf /proc/stat failed\n");
    }
    all_cpu_idle_now.all_slice = user_slice + nice_slice + sys_slice + idle_slice;
    all_cpu_idle_now.idle_slice = idle_slice;

    /* 针对每个 CPU 获取信息 */
    cpu_idx = 0;
    while (cpu_idx < cpu_nr) {
        if (10 == fscanf(fp, "%s %lu %lu %lu %lu %lu %lu %lu %lu %lu",
            tmp_str, &user_slice, &nice_slice, &sys_slice, &idle_slice,
            &tmp_long, &tmp_long, &tmp_long, &tmp_long, &tmp_long)) {
            each_cpu_idle_now[cpu_idx].all_slice =
            user_slice + nice_slice + sys_slice + idle_slice;
            each_cpu_idle_now[cpu_idx].idle_slice = idle_slice;
            cpu_idx++;
        } else {
            perror("fscanf /proc/stat failed\n");
            _exit(1);
        }
    }
    fclose(fp);
}

```

```
int main(int argc, char *argv[]) {
/* 获取选项,假设选项符号是'-',并且选项是单个字符,不做判断了 */
char** opt_p = argv + 1;
while ((*opt_p)) {
   switch ((*opt_p)[1]) {
      case 'd':  // delay 默认是2秒
                    delay = atoi(*(++opt_p));
                    break;
      case 'f':  // 程序文件绝对部署路径
                    bin_path = *(++opt_p);
                    break;
      default:
                    printf("unknow opt %s, quit!\n", (*opt_p));
                    _exit(3);
   }
   opt_p++;
}
if (!bin_path) {
     printf("must provide the exe_file by -f\n" );
     _exit(3);
}

int USER_HZ = sysconf(_SC_CLK_TCK);
int cpu_slices_struct_size = sizeof(struct prog_cpu_io);
static int prog_nr_last;

pdir = opendir("/proc");
if (pdir == NULL) {
    perror("can't read /proc\n");
    _exit(1);
}

cpu_nr = get_cpu_nr();

int pidfile = open("my_pid", O_WRONLY | O_CREAT, 0666);
char pid_str[8] = {0};
sprintf(pid_str, "%d", getpid());
if (-1 == write(pidfile, pid_str, strlen(pid_str))){
     perror("error write");
     _exit(-1);
}
close(pidfile);

```

```
    gethostname(hostname, sizeof(hostname));
    char * dot_ptr = strrchr(hostname, '.');
    if (dot_ptr) {
        *dot_ptr = 0;  // 保留主机名.域名中的主机名
    }

    strcpy(mod_name, strrchr(bin_path, '/') + 1);
    chdir(PROC);
    gettimeofday(&time_now, NULL);

    struct tm* local_time;
    time_t t = time(NULL);
    local_time = localtime(&t);
    int year_start = local_time->tm_year, month_start = local_time->tm_mon, day_start = local_time->tm_mday;
    int hour_start = local_time->tm_hour, min_start = local_time->tm_min, sec_start = local_time->tm_sec;
    int hour_end, min_end, sec_end = 0;

    get_monitor_info();
    while (1) {
    /* 保存历史数据 */
    // 1. 保存整体 cpu idle
      all_cpu_idle_last = all_cpu_idle_now;

    // 2. 保存每个 cpu idle
      memcpy(each_cpu_idle_last, each_cpu_idle_now,
      cpu_nr * sizeof(struct idle_slices));

    // 3. 保存 prog cpu
      prog_nr_last = prog_nr_now;
    memcpy(prog_mon_info_last, prog_mon_info_now, (prog_nr_now + 1) * cpu_slices_struct_size);

      time_last = time_now;
      sleep(delay);

      gettimeofday(&time_now, NULL);
      rewinddir(pdir);
      get_monitor_info();  // get_monitor_info 中会更新 prog_nr_now

      t = time(NULL);
      local_time = localtime(&t);
```

```
            hour_end = local_time->tm_hour;
            min_end = local_time->tm_min;
            sec_end = local_time->tm_sec;

            unsigned long prog_cpu_slices_used = 0;
            unsigned long prog_io_read_kb = 0, prog_io_write_kb = 0;
            int prog_idx_now = 0;
            while (prog_idx_now <= prog_nr_now) {
               prog_cpu_slices_used +=
               prog_mon_info_now[prog_idx_now].prog_cpu_slices;
               prog_io_read_kb += prog_mon_info_now[prog_idx_now].io_read_kb;
               prog_io_write_kb += prog_mon_info_now[prog_idx_now].io_write_kb;

        /*************************  注意  *****************************
        此时第prog_idx_now个进程可能是一个新进程
        如果是新的,下面的while循环中肯定找不到,
        因此，此进程一定是在两次监控之间派生的,
        其prog_cpu_slices(utime+ctime)一定是从0起的累积,
        下面的while循环如果找到它了,就证明此进程不是新的。
        不过有可能存在派生了同一pid的新进程,该pid的旧进程已经死亡,
        新的相同pid的进程却是从0起,增量就成负值.机率不大，暂不处理
        ************************************************************/

        /* 找每个进程之前的状态,如果有就减去之前的值获取增量,否则，找不到的话,
        * 则认为当前进程是在两次监控之间新派生的，无历史数据*/
             int prog_idx_last = 0;
             while (prog_idx_last <= prog_nr_last) {
                if (prog_mon_info_last[prog_idx_last].pid ==
                prog_mon_info_now[prog_idx_now].pid) {
                     prog_cpu_slices_used -=
                     prog_mon_info_last[prog_idx_last].prog_cpu_slices;
        prog_io_read_kb -=
        prog_mon_info_last[prog_idx_last].io_read_kb;
                     prog_io_write_kb -=
                     prog_mon_info_last[prog_idx_last].io_write_kb;
                     break;   // pid是唯一的,找到之前的旧状态则退出
                 }
                 prog_idx_last++;
               }
               prog_idx_now++;
            }

            /* 以毫秒为单位的采样间隔时间 */
```

```
        double milli_seconds_elapsed =
        time_now.tv_sec * 1000 + time_now.tv_usec / 1000.0 -
            (time_last.tv_sec * 1000 + time_last.tv_usec / 1000.0);

        /* 单个进程的 CPU 使用率等于两次测量时进程运行的毫秒级时间差
         * 除以两次测量时 CPU 总共的毫秒时间
         * 下面就是将进程的 utime+stime 转变为毫秒时间再除以 CPU 总共
         *  的毫秒时间,最终是时间差比上时间差
         * 即 100% * 进程上 CPU 的毫秒数/ 两次测量的毫秒差 */
       double prog_cpu_utilization =
           100 * (prog_cpu_slices_used * (1000.0 / USER_HZ))  /
           milli_seconds_elapsed;

        /* 总体要按照 idle 使用的时间片/全部时间片 */
        float total_cpu_idle = 100 * (double)(all_cpu_idle_now.idle_slice -
        all_cpu_idle_last.idle_slice) / (all_cpu_idle_now.all_slice - all_cpu_
        idle_last.all_slice);

    /* 处理进程所占用的 CPU,检查其 idle 的 CPU 利用率是否为 0,
    若为 0,打上样本不可靠的标记 */
        char each_cpu_urate_buf[512] = {'\0'};
        int sample_faith = 0;
        int cpu_idx = 0;
        int prog_used_cpu_nr = 0;   // 所有同一部署路径的进程占用的 CPU 数量

        /* 遍历所有 CPU 核心 */
        while (cpu_idx < cpu_nr) {
            /* prog_on_which_cpu[cpu_idx]不为 0 则表示进程占用了该 CPU */
            if (prog_on_which_cpu[cpu_idx] != 0) {
                prog_used_cpu_nr++;
                int idle_used_slice = each_cpu_idle_now[cpu_idx].idle_slice -
                each_cpu_idle_last[cpu_idx].idle_slice;
                if (idle_used_slice < 0) {
                    perror("single cpu idle < 0\n");
                    _exit(1);
                }

                float cpu_idle = 100 * (double)(idle_used_slice) / \
                    (each_cpu_idle_now[cpu_idx].all_slice -
                    each_cpu_idle_last[cpu_idx].all_slice);
                char tmpbuf[32] = {'\0'};
                sprintf(tmpbuf, "cpu%d=%2.2f,", cpu_idx,cpu_idle);
                strcat(each_cpu_urate_buf, tmpbuf);
```

```
381
382                 if(idle_used_slice != 0) { //idle 不为 0,说明 CPU 还有闲余,样本可用
383                     sample_faith++;
384                 }
385             }
386             cpu_idx++;
387         }
388         //如果每个使用的 CPU 都有 idle 在运行,设置为可用
389         if (sample_faith == prog_used_cpu_nr) {
390             sample_faith = 1;
391         } else {
392             sample_faith = 0;
393         }
394
395         each_cpu_urate_buf[strlen(each_cpu_urate_buf)-1] = '\0'; //去掉结尾的','
396         char db_buffer[1024] = {'\0'};
397         sprintf(db_buffer, "sh db_ops.sh \"insert into capacity.mon_info
            values('%s', '%s', %d, '%d-%02d-%02d %02d:%02d:%02d',
            %2.2f, %2.2f, %d, '%s', %d);\"", hostname, mod_name, delay,
            year_start + 1900, month_start + 1, day_start, hour_start,
            min_start, sec_start, prog_cpu_utilization, total_cpu_idle,
            cpu_nr, each_cpu_urate_buf, sample_faith);
398         printf("%s\n",db_buffer);
399         //system(db_buffer);  // 写入数据库,暂时注释
400
401         t = time(NULL);
402         local_time = localtime(&t);
403
404         year_start = local_time->tm_year;
405         month_start = local_time->tm_mon;
406         day_start = local_time->tm_mday;
407
408         hour_start = local_time->tm_hour;
409         min_start = local_time->tm_min;
410         sec_start = local_time->tm_sec;
411     }
412     return 0;
413 }
```

代码还是很简单的，按照之前介绍的原理再结合代码中的注释，相信您肯定能读懂，这里多说一句，在第 399 行的代码“system(db_buffer)”被注释了，这句的作用就是写入 CPU 监控数据到数据库，在第 397 行往 db_buffer 中拼装了字符串数据，其中的 db_ops.sh

是个 shell 脚本，作用是调用 MySQL 客户端往 MySQL 数据库中写入数据。之所以用 shell 脚本，原因是本例中有关数据库操作的不仅是 C，还有 PHP 和 Python，它们都需要与数据库交互，每个客户端的安装方法也不一样，因此统一用 shell 脚本比较省事。db_ops.sh 的内容如代码 9.2 所示。

代码 9.2 (db_ops.sh)

```
[work@localhost opbin]$ cat script/db_ops.sh
mysql_client="/home/work/mysql/bin/mysql"
user="mon"
pass="123"
cmd=$1
$mysql_client -u$user -p$pass -e "$cmd"
[work@localhost opbin]$
```

执行 gcc -o ./prog_cpu ./prog_cpu_time.c 编译程序生成 prog_cpu，执行的方式是 prog_cpu –f“进程的全部署路径”–d 以秒为单位的监控周期，下面我们验证一下 prog_cpu 的输出。

这里以后台形式并发执行了两个 perl 进程，这是系统默认自带的 perl，其路径是“/usr/bin/perl”，如图 9.1 所示。

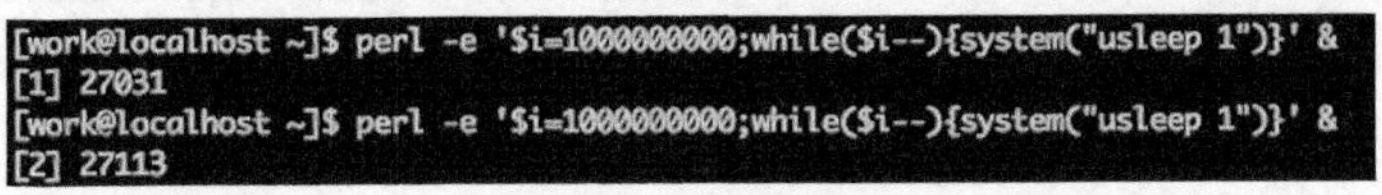

图 9.1 perl 进程

下面通过 top 程序，每 2 秒采集一次 perl 进程的 CPU 利用率，如图 9.2 所示。

图 9.2 中从右边起第 4 列的数字是 CPU 利用率。由于有两个 perl 进程，top 每次都会输出 2 个，图 9.2 中已经用横线把每次的输出区分出来。

下面是用 prog_cpu 监控/usr/bin/perl 的 CPU 使用率。由于 prog_cpu 输出的是 SQL 语句，占用的屏幕过长，所以图 9.3 已经经过修剪，请大家知晓。

图 9.3 中 CPU 时间后面的字段是 CPU 利用率，大概都是 35%左右。我们把 top 每次输出的两个 CPU 利用率加起来，其结果接近于 prog_cpu 的输出，由于以上两个监控并不是同时执行，再加上我们 CPU 利用率精确到小数点后两位，因此两者输出的结果会有些不一致。

```
[work@localhost tmp]$ top -d 2|grep perl
27113 work      20   0  8248 1540 1272 S 17.9  0.2   0:01.22 perl
27031 work      20   0  8248 1540 1272 S 16.9  0.2   0:01.25 perl
27031 work      20   0  8248 1540 1272 S 17.9  0.2   0:01.61 perl
27113 work      20   0  8248 1540 1272 S 17.9  0.2   0:01.58 perl
27031 work      20   0  8248 1540 1272 S 17.9  0.2   0:01.97 perl
27113 work      20   0  8248 1540 1272 S 17.9  0.2   0:01.94 perl
27113 work      20   0  8248 1540 1272 R 17.9  0.2   0:02.30 perl
27031 work      20   0  8248 1540 1272 S 17.4  0.2   0:02.32 perl
27113 work      20   0  8248 1540 1272 S 17.9  0.2   0:02.66 perl
27031 work      20   0  8248 1540 1272 R 17.4  0.2   0:02.67 perl
27031 work      20   0  8248 1540 1272 S 18.4  0.2   0:03.04 perl
27113 work      20   0  8248 1540 1272 S 17.4  0.2   0:03.01 perl
27031 work      20   0  8248 1540 1272 R 17.4  0.2   0:03.39 perl
27113 work      20   0  8248 1540 1272 S 17.4  0.2   0:03.36 perl
27031 work      20   0  8248 1540 1272 S 17.9  0.2   0:03.75 perl
27113 work      20   0  8248 1540 1272 S 17.9  0.2   0:03.72 perl
27113 work      20   0  8248 1540 1272 S 17.9  0.2   0:04.08 perl
27031 work      20   0  8248 1540 1272 S 16.9  0.2   0:04.09 perl
27031 work      20   0  8248 1540 1272 R 17.9  0.2   0:04.45 perl
27113 work      20   0  8248 1540 1272 S 17.9  0.2   0:04.44 perl
27031 work      20   0  8248 1540 1272 S 17.9  0.2   0:04.81 perl
27113 work      20   0  8248 1540 1272 R 17.4  0.2   0:04.79 perl
```

图 9.2 top 中输出的两个 perl 进程信息

```
[work@localhost tmp]$ ./prog_cpu -f '/usr/bin/perl' -d 2
          '2015-08-17 07:57:37', 35.48, 56.45, 4, 'cpu1=61.49', 1);"
    •••   '2015-08-17 07:57:39', 35.48, 56.63, 4, 'cpu3=53.76', 1);"
          '2015-08-17 07:57:41', 34.98, 56.57, 4, 'cpu0=54.91,cpu3=54.65', 1);"
          '2015-08-17 07:57:43', 34.98, 57.08, 4, 'cpu0=54.97,cpu3=54.91', 1);"
    •••   '2015-08-17 07:57:45', 36.47, 57.08, 4, 'cpu2=58.05', 1);"
          '2015-08-17 07:57:47', 34.98, 57.25, 4, 'cpu1=59.43,cpu3=58.93', 1);"
    •••   '2015-08-17 07:57:49', 35.48, 56.89, 4, 'cpu2=58.62', 1);"
          '2015-08-17 07:57:51', 35.48, 57.35, 4, 'cpu1=61.85,cpu2=56.65', 1);"
          '2015-08-17 07:57:53', 35.48, 56.89, 4, 'cpu0=53.22,cpu3=56.40', 1);"
    •••   '2015-08-17 07:57:55', 36.48, 56.96, 4, 'cpu0=53.53,cpu2=57.47', 1);"
          '2015-08-17 07:57:57', 34.98, 57.02, 4, 'cpu0=56.73,cpu2=55.17', 1);"
```

图 9.3 prog_cpu 监控的 CPU 利用率

9.2 访问量统计模块的实现

访问量统计功能是由 Python 脚本 log_stat_forcpu.py 统计的，它是从日志中抓取请求量，目前，该脚本只支持从一个文件中统计访问量，不支持日志文件按时间滚动的情况。通常情况下线上服务器的日志都是通过 cronlog 或 mv+信号等方式实现滚动的，大家还是根据自己的情况处理。

对于日志统计这类文本匹配的工作，在时间响应上并不需要很及时，因此，为编程方便还是考虑用脚本语言，如 Python 或 perl。

日志监控部分是由 Python 脚本 log_stat_forcpu.py 实现的，如核心部分如代码 9.3 所示。

代码 9.3 （log_stat_forcpu.py）

```
import re, sys, time, os

hostname = sys.argv[1]
md_name  = sys.argv[2]
logfile  = sys.argv[3]
time_pattern = sys.argv[4]
interval = int(sys.argv[5])

thisyear = time.strftime("%Y", time.localtime())
time_pattern = time_pattern.replace('[',"\[")
time_pattern = time_pattern.replace(']',"\]")
time_pattern = time_pattern.replace('%Y',"thisyear")
time_pattern = time_pattern.replace('%y',"thisyear")
time_pattern = time_pattern.replace('%D',"[0-9]{1,2}")
time_pattern = time_pattern.replace('%d',"[0-9]{1,2}")
time_pattern = time_pattern.replace('%H',"([0-9]{1,2}")
time_pattern = time_pattern.replace('%h',"([0-9]{1,2}")
time_pattern = time_pattern.replace('%M',"[0-9]{1,2}")
time_pattern = time_pattern.replace('%m',"[0-9]{1,2}")
time_pattern = time_pattern.replace('%S',"[0-9]{1,2})")
time_pattern = time_pattern.replace('%s',"[0-9]{1,2})")
time_stamp = re.compile(r'%s' % time_pattern);

access_per_interval = dict()
access_per_second = dict()
date = '0000-00-00'
cpu_time = list()
cpu_end_time = '00:00:00'
pos = 0

#get access count within a seccond
def get_log_in_seconds(file, end_cpu_time, seek_pos):
    global access_per_second
    found_end = False
    extra_log = 0
    log_fh = open(file)
    log_fh.seek(seek_pos)
    last_pos = 0
    next_pos = 0
    line = log_fh.readline()

```

```
while line:
    if time_stamp.search(line):
        time = time_stamp.search(line).group(1) # group start from 1,not 0
        if time >= end_cpu_time and found_end == False:
            found_end = True;
            next_pos = last_pos
        if access_per_second.has_key(time):
            access_per_second[time] = access_per_second[time] + 1
        else:
            access_per_second[time] = 1

        if found_end:
            extra_log = extra_log + 1
        if extra_log > 30:
        #read more 30 lines,to avoid same timestamp log to be written later
            break
    last_pos = log_fh.tell()
    line = log_fh.readline()

if not next_pos:
    next_pos = last_pos
return next_pos

def get_cpu_times(sql_stat):
global cpu_time, cpu_end_time, date
dbops = 'sh script/db_ops.sh \''+ sql + '\''
db_fh = os.popen(dbops)
db_fh.readline()    #skip filed name
for row in db_fh.readlines():
    cpu_time.append(row.split()[1])
    date = row.split()[0]   #bad, repeat assign

def log_merge():
cur_time_idx = 0
next_time_idx = cur_time_idx + 1
global cpu_time, cpu_end_time, access_per_interval, access_per_second
idx_len = len(cpu_time)
cpu_start_time = cpu_time[cur_time_idx]
cpu_end_time = cpu_time[-1]

while next_time_idx < idx_len:
    cpu_next_time = cpu_time[next_time_idx]
    access_per_interval[cpu_start_time] = 0
```

```
        for log_time in access_per_second.keys():
            if log_time >= cpu_start_time and log_time < cpu_next_time:
            if access_per_interval[cpu_start_time] != 0:
                access_per_interval[cpu_start_time] =
access_per_interval[cpu_start_time] + access_per_second[log_time]
                else:
                    access_per_interval[cpu_start_time] =
access_per_second[log_time]
                del(access_per_second[log_time])
          cur_time_idx = next_time_idx
        next_time_idx = cur_time_idx + 1
        cpu_start_time = cpu_next_time

def log2db():
global access_per_interval, hostname, md_name, date
access_per_interval_keys_sort = access_per_interval.keys()
access_per_interval_keys_sort.sort()
for key in access_per_interval_keys_sort:
    sql = 'insert into capacity.access_nr values(
    "'+hostname+'", "' + date + ' ' + key + '", "' + md_name + '",
    ' + str(access_per_interval[key])    + ', ' + str(interval) + ');'
    dbops = 'sh script/db_ops.sh \''+ sql + '\''
    os.system(dbops)

while True:
cpu_time = []
access_per_second = {}
access_per_interval = {}
sql = 'select time from capacity.cpu_use where machine_name = "' + hostname +'"
and mod_name = "' + md_name + '" and time >= "' + date + ' ' + cpu_end_time + '";'

get_cpu_times(sql)
cpu_time.sort()
cpu_end_time = cpu_time[-1]

# avoid cpu_time not to update
while len(cpu_time) <= 1:
   time.sleep(interval)
   cpu_time = []
   get_cpu_times(sql)

pos = get_log_in_seconds(logfile, cpu_end_time, pos)
log_time_key_sort = access_per_second.keys()
```

```
122         log_time_key_sort.sort()
123         log_merge()
124         log2db()
125         time.sleep(interval)
```

脚本的执行方式：python ./log_stat_forcpu.py “主机名”“模块名”“日志名”“字符模式“采样间隔时间”。

参数“字符模式”是待匹配的字符串的正则表达式，比如是“%y:%h:%m:%s”，代码第 9～20 行是将%y 或%Y 替换成今年的年份，%h 和%H 在这里表示小时，%m 或%M 表示分钟，%s 或%S 表示秒，它们都用 0-9 数字的正则表达式表示。

先说下访问量统计的核心思路。日志中的时间是以秒为单位，为生成合适的样本，必须以 CPU 的采集时间为主。因此，先要从库中统计出 CPU 利用率的时间，根据模块 CPU 利用率的起始时间来统计日志中的访问量。访问量统计要以两次 CPU 监控的时间戳为主，不能以一次 CPU 的监控起始时间+采样周期间隔时间为参考。比如 CPU 采样周期是 6 秒，从数据库中获得 CPU 监控的起始时间是“09:20:18”，统计访问量的时候就要从数据库中再获取下一个 CPU 监控起始时间，比如“恰好”是“09:20:24”，然后在日志中统计同样时间段“09:20:18～09:20:24”的访问量，一定不能仅凭“09:20:18+6”来确定访问量的时间段，因为采样周期虽然是固定的，但由于 CPU 监控要遍历/proc 目录下所有 pid 目录，这会造成时间上的累积误差，比如某次 CPU 的监控时间是“09:20:18”，虽然监控周期是 6 秒，但下一次 CPU 的监控时间有可能是“09:20:25”，因此，前面用到了“恰好”，总之，要以 CPU 利用率的采集时间为主。除此之外还要考虑到 CPU 利用率信息更新不及时的情况，比如 CPU 利用率的采集时间未更新时，日志统计程序要阻塞以等待新的 CPU 利用率数据到达。

在 log_stat_forcpu.py 中有 4 个函数，下面分别说明一下功能。

get_cpu_times()的功能便是从数据库中找到 CPU 利用率的起始时间，它返回的是时间列表。后面的 get_log_in_seconds()函数便利用此时间列表扫描文件。

根据此策略，日志统计必须在 CPU 利用率的监控之后进行，但为了及时出监控信息及样本信息，不能滞后太多，因此默认情况下，在模块 CPU 利用率监控开始后的第 2 个采样周期进行日志统计。

CPU 利用率是实时监控也必须是实时的，但访问量无法实时监控，因为日志是写入到文件系统的，操作系统对于这种低速的 IO 操作，一般都会等数据量累积到一定程度后再写入磁盘以减少写入次数。

基于以上原因，只好是定期统计日志。但这个统计周期不能够太长，如果太长了会影响样本的生成，尽量及时地把访问量统计出来，这样也能够及时出监控图。

如果每次都从头统计日志文件那肯定效率太低了，因为在一般大型网站中，一小时的 Web 日志都会上几十 GB，从头统计的话会大大浪费磁盘 IO，所以，最好是记录上次统计的偏移量，每次都从上一次统计结束的地方开始统计。

有时候日志不连续，前一秒的日志写在后面的时间了，也就是说，日志中的时间不连续，因此每次统计时必须多读一些行。

基于以上分析，get_log_in_seconds()的作用是在日志文件中通过正则表达式扫描文件，每次根据输入的正则表达式，以每次匹配到的文本为一组（未必以秒为分组）扫描完成后返回本次扫描结束的位置。

log_merge()函数是将以秒为分组单位的日志统计合并到以 CPU 利用率的采集时间为准，或者说是采集周期。

log2db()函数是将处理后的访问量写入到数据库中，写入的格式是“主机名”“日期”“模块名”“访问量”，采样周期。

9.3 样本处理模块的实现

在上一小节中，CPU 监控模块和日志统计模块已经将监控值写入了数据库，样本模块的工作就是将它们合成为样本，这还包括数据清洗，之后才能进行建模。

对于文本处理类的工作，还是用脚本语言方便，样本合成及清洗是由同一个 Python 脚本 sample_wash.py 完成的，代码核心部分如代码 9.4.1 所示。

代码 9.4.1 （sample_wash.py）

```
…略
hostlist = list()
hostlist = get_host_list()
host_mod = dict()

for host in hostlist:
```

```
    modlist = get_mod_list(host)
    host_mod[host] = modlist

all_sample = dict()
for hostname in host_mod.keys():
    all_sample[hostname] = dict()
    for md_name in host_mod[hostname]:
        all_sample[hostname][md_name] = dict()
        tmp_mod_access = dict()
        sql = 'select time, count from capacity.access_nr where machine_name =
        "' + hostname + '" and mod_name = "' + md_name + '" and time >= "' +
        yesterday_start + '" and time < "' + today_start + '";'
        tmp_mod_access = get_time_value_from_db(sql)

        tmp_mod_cpu = dict()
        sql = 'select time, cpu from capacity.cpu_use where machine_name = "' +
        hostname + '" and mod_name = "' + md_name + '" and time >= "' + yeste
        rday_start + '" and time < "' + today_start + '";'
        tmp_mod_cpu = get_time_value_from_db(sql)

        #compute intersec set
        mod_sample = dict.fromkeys(x for x in tmp_mod_access.keys() if x in tmp_
        mod_cpu.keys())
        for time in mod_sample.keys():
            x = int(tmp_mod_access[time])
            y = float(tmp_mod_cpu[time])

            if x in all_sample[hostname][md_name].keys():
                all_sample[hostname][md_name][x]['y'].append(y)
                all_sample[hostname][md_name][x]['time'].append(time)
            else:
                all_sample[hostname][md_name][x] = dict()
                all_sample[hostname][md_name][x]['time'] = [time]
                all_sample[hostname][md_name][x]['y'] = [y]
```

在数据库中记录的是机器名和模块名，相同机器上可以有不同的模块，同名模块可以在多个机器上存在，因此机器名加模块名才能唯一确定某个机器上的模块，进而才能得到某个模块的样本。

get_host_list()用于在数据库中检索本服务的机器列表，要想模块的样本前获取必须得获取机器名，其实现程序未给出，因为这取决于内部机器管理系统的实现，通常这又是另一个单独的系统，一般是通过产品线 id 的形式调用机器管理系统的 API 获得产品线下的机器列表，形式不统一。本例中 get_host_list 较简单，就是在数据库中检索出机器列表。

get_mod_list()用于获取机器的模块名，有了机器名和模块名后才能够获取到数据样本，同上，函数实现未给出。

样本是由 x 和 y 组成的，其中 x 是访问量，y 是 CPU 利用率。接下来在第 51～76 行就将 x 和 y 拼合成样本。所有的样本数据存储到字典 all_sample 中，样本创建之后，其存储形式是 all_samle[机器名][模块名][x]['y']=y 值列表和 all_samle[机器名][模块名][x]['时间戳 time']=时间戳列表。也许您在想，为什么不是这样的形式：all_samle[机器名][模块名][访问量 x]=cpu 利用率 y。原因是实际监控获得的样本中，有存在不同 x 对应同一个 y 的情况，当然 x 之间的差别很小，几乎可以忽略，也存在相同 x 对应不同 y 的情况，当然 y 之前的差别也不大，总之并不是一个 x 就有唯一的 y 值与之匹配，我们在计算过程中要处理这种情况。至于时间戳列表，这是利用调试用的，方便查看在那些时段中发生了什么。当然，这个结构写得并不好，您还是按照自己的想法实现。

第 58 行调用了函数 get_time_value_from_db，此函数未在代码中列出，其作用是从数据库中返回时间戳和相应的监控值。

经过第 58 行 get_time_value_from_db 函数调用之后，tmp_mod_access 成了字典，其值是“时间戳:访问量监控值”的形式。

第 62 行同理，经过 get_time_value_from_db 函数调用之后，tmp_mod_cpu 也是字典，其值是“时间戳:cpu 利用率监控值”的形式。

前面说过，样本合成是通过时间戳作为公共的桥梁整合到一起的，因此，这势必要保证访问量和 CPU 使用率有共同的时间戳，所以第 65 行代码就是计算出这两个监控项的时间戳交集。接着在第 66～76 行代码，生成样本 all_sample。

这样的样本是不能直接使用的，下面分别介绍一下哪些数据需要清洗。

（1）在一天的访问量中，一定会有多个相同的 x，也同样会有多个相同的 x 对应不同 y 值的情况。比如在一采样周期内，访问量为 10688 次的样本有多个，但其对应的 CPU 利用率却有很多，这时候就要对 y 值取平均值来反应大多数的情况。

（2）值得注意的是，一定要用样本中的段中数据，也就是按从小到大排序，最前面的几个样本是最小的，但这并不表示一般情况。前面已述，这是由模块第一次启动时或第一次处理某类请求时未缓存造成的，后续的其他请求便会有缓存，因此，前面的样本并不代表大多数的情况。

（3）样本的准确性决定了模型的精度。一般情况下，我们是用能反应大部分真实情况的样本数据做回归，比如大部分都是缓慢上升趋势的数据，突然有个陡然上升的尖或陡然下降的坑就不符合常理，我们称之为噪音数据，因此，必须把噪音数据去掉。

（4）通常样本生成的散点图要么是线性，要么是 *n* 元多项式曲线。因此，可以认为，大多数模块的请求量与 CPU 利用率之间的关系是成正比且是线性的。这很好证明，将监控信息缩小就可以了，以 5 分钟或更大的时间单位为观察粒度，我们会看到趋势一致的曲线图。因此，我们把 10 个样本数据合成为一分钟的样本，取其平均数，这样得到的便是合理的曲线，确切地说是直线，不过为了严谨，还是从直线、指数方程和二元多项式中选择一个拟合效果更好的作为最终的方程。

数据清洗最好和样本合成在一起做，这样减少一次数据库的读写。因此，下面是清洗数据的部分，同样是 sample_wash.py，如代码 9.4.2 所示。

代码 9.4.2 （sample_wash.py）

```
######## wash below ######################
sample_fix = dict()
for host in all_sample.keys():
    sample_fix[host] = dict()
    for md in all_sample[host].keys():
        sample_fix[host][md] = dict()
        x_list = all_sample[host][md].keys()
        x_list.sort()
        for x in x_list:
            avg_y = 0
            if x == 0:          #delete x(equal 0)
                continue
        count_y = len(all_sample[host][md][x]['y'])      #count_y may include y(equal 0)
  #delete y(equal 0)
        del_list = []
        for idx in range(count_y):
            if all_sample[host][md][x]['y'][idx] == 0.0:
                del_list.append(idx)

        if len(del_list) > 0:
            del_list.reverse()      ## del from end to front
```

```
            for zero_idx_y in del_list:
                del all_sample[host][md][x]['y'][zero_idx_y]
            count_y = len(all_sample[host][md][x]['y']) #count_y now don't include y(equal 0)

        if count_y == 0:      ###  continue if all full 0,after delete 0
            continue

        if count_y > 1:
            total_y = 0.00
            for y in all_sample[host][md][x]['y']:
                total_y = total_y + y
            avg_y = total_y / count_y

###   delete unnormal value, eg: in(0.2, 5, 7),0.2 is the unnormal value ###
            del_list = []
            for idx_y in range(count_y):
                y = all_sample[host][md][x]['y'][idx_y]
                if math.fabs(y - avg_y) / y >= 1:
                    total_y = total_y - y
                    del_list.append(idx_y)

            if len(del_list) > 0:
                del_list.reverse()
                for del_idx_y in del_list:
                    del all_sample[host][md][x]['y'][del_idx_y]
                count_y = len(all_sample[host][md][x]['y'])
                avg_y = "%.2f" % (total_y / count_y)

            if type(avg_y) == float:
                avg_y = "%.2f" % avg_y

        else:
            total_y = 0.00
            for y in all_sample[host][md][x]['y']:
                total_y = total_y + y
            avg_y = "%.2f" % (total_y / count_y)

        sample_fix[host][md][x] = dict()
        sample_fix[host][md][x]['time'] = all_sample[host][md][x]['time']
        sample_fix[host][md][x]['y'] = float(avg_y)

    for host in sample_fix.keys():
```

```
    for md in sample_fix[host].keys():
        x_sort = sample_fix[host][md].keys()
        x_sort.sort()

    #remove head and tail
        unnormal_x = 0
        for x in x_sort:
            if unnormal_x > 5:
                break
            if sample_fix[host][md][x]['y'] > 2.0:
                del sample_fix[host][md][x]
                unnormal_x = unnormal_x + 1
            else:
                break
        x_sort = sample_fix[host][md].keys()
        x_sort.sort()

    #delete noise
        last_y = sample_fix[host][md][x_sort[0]]['y']
        diff = 0
        for x in x_sort:
            if sample_fix[host][md][x]['y'] > last_y:
                diff = sample_fix[host][md][x]['y'] - last_y
                if diff / last_y > 3:
                    del sample_fix[host][md][x]
                    continue
            else:
                diff = last_y - sample_fix[host][md][x]['y']
                if diff / sample_fix[host][md][x]['y'] > 0.75:
                    del sample_fix[host][md][x]
                    continue
            last_y = sample_fix[host][md][x]['y']

    avg_arg = 10
    for host in sample_fix.keys():
    for md in sample_fix[host].keys():
        x_sort = sample_fix[host][md].keys()
        x_sort.sort()
        sample_count = 0
        sample_x_arg_total = 0
        sample_y_ten_total = 0
```

```
182         sample_time_stamp = []
183 
184         for x in x_sort:
185             sample_time_stamp.append('_'.join(sample_fix[host][md][x]['time']))
186             sample_count = sample_count + 1
187             sample_x_arg_total = sample_x_arg_total + x
188             y = sample_fix[host][md][x]['y']
189             sample_y_ten_total = sample_y_ten_total + y
190             if sample_count == avg_arg:
191                 sql_stat = 'insert into capacity.sample values("' + yesterday_date
                    + '", "' + host + '", "' + md + '", ' + str(sample_x_arg_total / avg
                    _arg) + ', ' + str(sample_y_ten_total / avg_arg) + ',"' + ','.join(sample_
                    time_stamp) + '");'
192                 dbops = 'sh script/db_ops.sh \''+ sql_stat + '\''
193                 os.system(dbops)
194                 sample_y_ten_total = sample_x_arg_total = sample_count = 0
195                 sample_time_stamp = []
```

以上 4 方面的工作是从第 79 行代码开始的。第 79～138 行代码是计算 y 的平均值，并存储到 sample_fix 中。数据清洗不是一次就搞定的，就像编译器那样需要多次扫描。

第 140～172 行去掉样本两端的数据并去除噪音，这里的处理比较简单，原则上最好按照不同 CPU 利用率阶段分别处理。原因是，CPU 利用率越到后来越不容易增长，在很低的范围内变化很大是正常现象。根据实际观察，CPU 利用率变化在 3 个区间内变化率差别很大。当 CPU 利用率于小于 1 时，CPU 增大 10 倍也不算异常。当 CPU 利用率大于 3 时，如果下一个样本的 CPU 利用率增长了 5 倍就算是异常了。同理，当 CPU 利用率大于 10 时，如果下一个样本的 CPU 利用率增长了 1 倍，就算是异常。

第 174 到结束是用一分钟的访问量和 CPU 利用率的平均值作为样本，随后写入到数据库中。

9.4 建模的实现

经过以上的处理，模型所依赖的样本数据已经具备了，接下来是建模工作。我们先看下样本的规律，如图 9.4 所示。

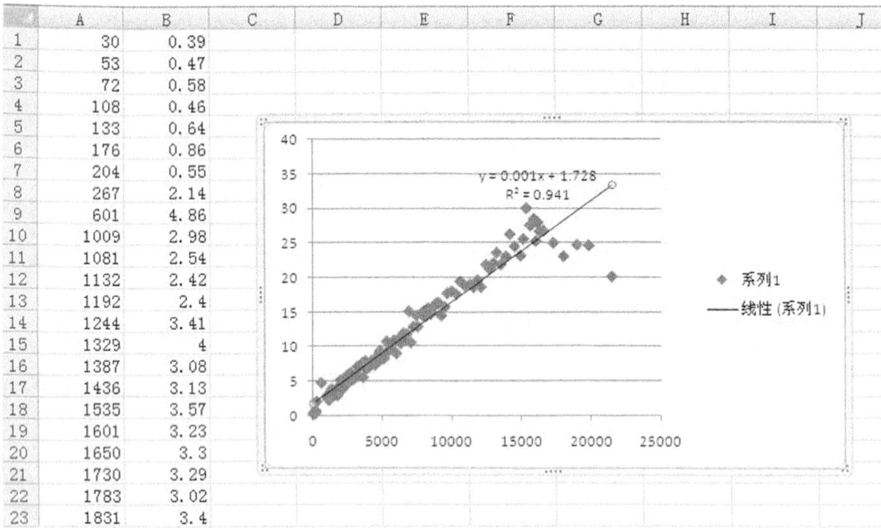

	A	B
1	30	0.39
2	53	0.47
3	72	0.58
4	108	0.46
5	133	0.64
6	176	0.86
7	204	0.55
8	267	2.14
9	601	4.86
10	1009	2.98
11	1081	2.54
12	1132	2.42
13	1192	2.4
14	1244	3.41
15	1329	4
16	1387	3.08
17	1436	3.13
18	1535	3.57
19	1601	3.23
20	1650	3.3
21	1730	3.29
22	1783	3.02
23	1831	3.4

图 9.4 MySQL 请求量与 CPU 利用率之间的关系

图 9.4 是模块 MySQL 的请求量与 CPU 利用率之间的关系展示。这是通过大约三百个样本数据拟合出来的图形，其中的每一个蓝色（运行后看到效果）的点便是样本，随着请求量的增大，MySQL 自己的 CPU 利用率也会增大，并且呈现明显的线性，其相关系数可达 0.98，判定系数已经是 0.94。对于这样的模型完全可以用线性模型来预估。

这个样本的采样周期是 6 秒，也就是说，在进一步处理该模块的样本之前，该模块本身显现出很强的线性。建模工作是在文件 formula.py 中完成的，其核心部分如代码 9.5.1 所示。

代码 9.5.1 （formula.py）

```
def polino_repress(sample):
    x1_x2_y = dict()
    total_X1 = avg_X1 = 0
    total_X2 = avg_X2 = 0
    total_Y = avg_Y = 0
    count_x = 0
    for x in sample.keys():
        X1 = x
        X2 = x ** 2
        if X1 not in x1_x2_y:
            x1_x2_y[X1] = dict()
        else:
            print 'error!!!!\nkey repeat: ', x1
```

```
            sys.exit();

        x1_x2_y[X1]['X2'] = X2
        x1_x2_y[X1]['Y'] = sample[x]
        total_X1 = total_X1 + X1
        total_X2 = total_X2 + X2
        total_Y = total_Y + sample[X1]
        count_x = count_x + 1

    avg_X1 = float(total_X1) / count_x
    avg_X2 = float(total_X2) / count_x
    avg_Y = float(total_Y) / count_x
    total_yx1 = 0
    total_yx2 = 0
    total_power_x1 = 0
    total_power_x2 = 0
    total_x1x2 = 0
    for x in x1_x2_y.keys():
        Y = x1_x2_y[x]['Y']
        y = Y - avg_Y
        X1 = x
        x1 = X1 - avg_X1
        total_power_x1 = total_power_x1 + x1 ** 2
        total_yx1 = total_yx1 + y * x1
        X2 = x1_x2_y[x]['X2']
        x2 = X2 - avg_X2
        total_power_x2 = total_power_x2 + x2 ** 2
        total_yx2 = total_yx2 + y * x2
        total_x1x2 = total_x1x2 + x1 * x2

    b1 = (total_yx1 * total_power_x2 - total_yx2 * total_x1x2) / (total_power_x1 * total_power_x2 - total_x1x2 ** 2)
    b2 = (total_yx2 * total_power_x1 - total_yx1 * total_x1x2) / (total_power_x1 * total_power_x2 - total_x1x2 ** 2)
    b0 = avg_Y - b1*avg_X1 - b2*avg_X2
    R2 = SSR = SST = 0
    for x in sample.keys():
        y_repress = b2 * (x ** 2) + (b1 * x) + b0
        SSR = SSR + (y_repress - avg_Y) ** 2
        SST = SST + (sample[x] - avg_Y) ** 2
    R2 = float(SSR) / SST
    return (b2, b1, b0, R2)

```

```
def line_repress(sample):
total_x = 0
total_y = 0
all_x_list = sample.keys()
sample_nr = len(sample)
for x in all_x_list:
    total_x = total_x + x
    total_y = total_y + sample[x]
avg_X = total_x / sample_nr
avg_Y = total_y / sample_nr
numerator = 0
denominator_lse = 0
denominator_pearson_s1 = 0
denominator_pearson_s2 = 0
for x in all_x_list:
    numerator = numerator + (x - avg_X) * (sample[x] - avg_Y)
    denominator_lse = denominator_lse + (x - avg_X) ** 2
    #### pearson  ####
    denominator_pearson_s1 = denominator_pearson_s1 + (x - avg_X) ** 2
    denominator_pearson_s2 =
    denominator_pearson_s2 + (sample[x] - avg_Y) ** 2

k = numerator / denominator_lse
b = avg_Y - k * avg_X
r = numerator / math.sqrt(
denominator_pearson_s1 * denominator_pearson_s2)

R2 = SSR = SST = 0
for x in all_x_list:
    y_repress = k * x + b
    SSR = SSR + (y_repress - avg_Y) ** 2
    SST = SST + (sample[x] - avg_Y) ** 2
R2 = float(SSR) / SST
return (k, b, r, R2)
…略
```

formula.py 目前只处理线性回归和多项式回归，分别对这两种模型判优，如果发现图形包括递减的趋势，对其求导，找出下降的请求量，之后再将模型信息写入到数据库。

函数 polino_repress 用于计算一元二次多项式的 3 个回归参数，大家对照前面回归方程章节中有关二元线性回归和多项式回归的部分，对照公式并做适当的变量转换即可。

函数 line_repress 用于计算一元线性回归，核心思路是最小二乘法，在前面一元线性回归的章节中也有公式，函数是直接按公式实现的。

代码 9.5.2 （formula.py）

```
...略
for host in hostlist:
modlist = get_mod_list(host)
host_mod[host] = modlist

for hostname in host_mod.keys():
for md_name in host_mod[hostname]:
  mod_xy_sample = dict();
  sql = 'select access, cpu from capacity.sample where machine_name = "' +
  hostname + '" and mod_name = "' + md_name + '" and date >= "' + yesterday_start +
  '" and date < "' + today_start + '";'

  dbops = 'sh script/db_ops.sh \''+ sql + '\''
  db_fh = os.popen(dbops)
  db_fh.readline()    #skip filed name
  for row in db_fh.readlines():
    mod_xy_sample[int(row.split()[0])] = float(row.split()[1])

  k_b_r_R2 = line_repress(mod_xy_sample)
  formula_line = "y = " + str(k_b_r_R2[0]) + " * x + " + str(k_b_r_R2[1])
  r = k_b_r_R2[2]
  R2_line = k_b_r_R2[3]

  sql = ''
  R2 = 0
  if r > 0.9:
    formula = formula_line
    R2 = R2_line
    sql = 'insert into capacity.formula values("' + yesterday_start + '","' +
    hostname + '","' + md_name + '","' + formula + '","' + str(r) + '","' + str(R2) +
    '","null");'
  else:
    b2_b1_b0_R2 = polino_repress(mod_xy_sample)
    b2 = "%.9f" % b2_b1_b0_R2[0]
    b1 = "%.9f" % b2_b1_b0_R2[1]
    b0 = "%.9f" % b2_b1_b0_R2[2]
    R2_polino = "%.9f" % b2_b1_b0_R2[3]
    formula_polinor = "y = " + b2 + ' * x * x + ' + b1 + ' * x + ' + b0

```

```
160         if R2_polino > R2_line:
161             formula = formula_polinor
162             R2 = R2_polino
163
164             limit_x = "null"
165             if b2 < 0:   #kai kou xiang xia,qiu yi jie dao shu
166                 limit_x = (-b1) / (2 * b2)  #2 * b2 * x + b1 = 0
167
168             sql = 'insert into capacity.formula values("' + yesterday_start + '","' +
            hostname + '","' + md_name + '","' + formula + '","null","' + str(R2) + '","' +
            str(limit_x) + '");'
169         else:
170             formula = formula_line
171             R2 = R2_line
172             sql = 'insert into capacity.formula values("' + yesterday_start  + '","' +
            hostname + '","' + md_name + '","' + formula + '","' + str(r) + '","' +
            str(R2) + '","null");'
173
174     dbops = 'sh script/db_ops.sh \''+ sql + '\''
175     db_fh = os.system(dbops)
```

第 126～128 行代码是生成了机器模块列表，即“host_mod[host] = modlist”。

第 130～131 行的两个 for 循环依次遍历 host_mod 中每个机器的每个模块，然后第 133～139 行从数据库表 smaple 中获得各机器各模块的样本，存入 mod_xy_sample。接下来调用 line_repress(mod_xy_sample)先进行一元线性回归，返回值 k_b_r_R2 是个元组，k_b_r_R2[0]是估计参数 k，k_b_r_R2[1]是估计参数 b，k_b_r_R2[2]是相关系数 r，k_b_r_R2[3]是判定系数 R2。将参数整合成线性公式 formula_line，即 y=kx+b。

第 148 行判断相关系数 r，如果大于 0.9，就直接采用线性模型，然后将公式写入数据库。注意，由于模型只反应本机本模块的状态，因此，此模型未必会适用到其他机器，因此，在往数据库中记录公式时，必须要标明机器名及模块名。

如果相关系数 r 小于等于 0.9，在第 153 行调用 polino_repress(mod_xy_sample)进行一元二次多项式建模，返回值 b2_b1_b0_R2[0]是估计参数 β_2，b2_b1_b0_R2[1]是估计参数 β_1，b2_b1_b0_R2[2]是估计参数 β_0，b2_b1_b0_R2[3]是相关系数。然后将参数整合成公式 formula_polinor。

下面要选择更优的模型，在第 160 行判断，如果一元二次多项式模型的判定系数 olino 大于直线模型判定系数 R2_line，就采用前者并写入到数据库。接着判断多项

式的参数 β_2 是否小于 0，如果是，这说明此一元多项式（抛物线）是开口向下，接着对其求导，获得极大值对应的 x，此 x 通常是模块最大能正常处理的访问量。因为正常情况下请求量越大，CPU 利用率越高，如果出现请求量大，CPU 利用率反而低的情况，这通常说明是模块内部的管理策略起了作用，将部分请求终止了，或者有外部模块将请求封禁了。

否则若多项式的判定系数小于直线，就在第 169 行将直线方程写入数据库。

第 10 章　容量规划系统的验证

10.1　容量规划公式的验证

本章对估算结果进行验证，公式中的 x 为访问量，y 为 CPU 利用率。

现以测试系统为例，服务器使用情况是：php-cgi 集群包括 8 台，nginx 集群包括 4 台，MySQL 集群为 1 台，总共 13 台机器。说明一下，以上测试系统中服务器的命名均是随意命名的。下面从公式及功能几方面进行验证。

10.1.1　对单一模块公式的验证

公式是从样本数据中得到的，样本数据是从监控信息中获取的，对于单一模块的验证，是用实际监控数据来检测回归方程与之的吻合程度。

这里以 nginx 模块为例，用 200 个样本生成了非线性公式：

$y = 0.000001666 * x * x + 0.003733141 * x + 1.357615053$，下面以访问量作为 x，用此公式与监控信息比对。为方便对比，将监控信息和回归方程画在同一张图中，如图 10.1 所示。

其中黑色（运行后可看到）的线是方程轨迹，蓝色（运行后可看到）的线是用实际的监控数据画出来的，从大体上看，黑色的线贯穿了蓝色的线，并且几乎都是在蓝色线的中间，这说明得出的回归方程与监控信息趋势相同，符合期望。

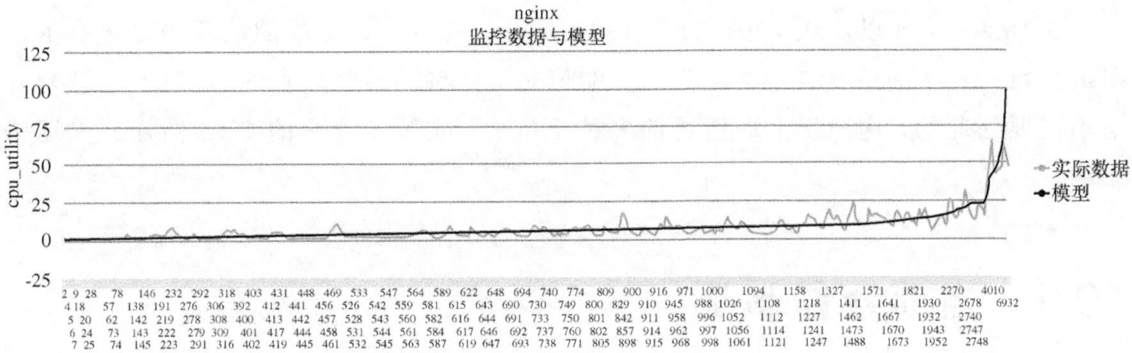

图 10.1 公式与监控对比

10.1.2 模型自身的对比

模块在工作中实际占用的 CPU 利用率并不是精准恒定的，这取决于访问量、业务类型、解释器的行为、模块配置、机器状态及操作系统的调度。因此，即使在业务相同的情况下，对同一模块的两次建模，得出的模型也未必一致，但应该非常接近。

用 php-cgi 为例，公式：

ya = 0.0422743345045 * $x − 0.967251268297 和

yb = 0.0390169230512 * $x − 0.63818460585;

它们是用两天的数据得出的，在这期间代码并未发生过变更。公式中的 x 是访问量，ya 和 yb 分别是 CPU 利用率。它们看上去完全不同，但实际上它们非常相似。我们同样以 x 为访问量，对比一下 CPU 利用率的变化便知，如图 10.2 所示。

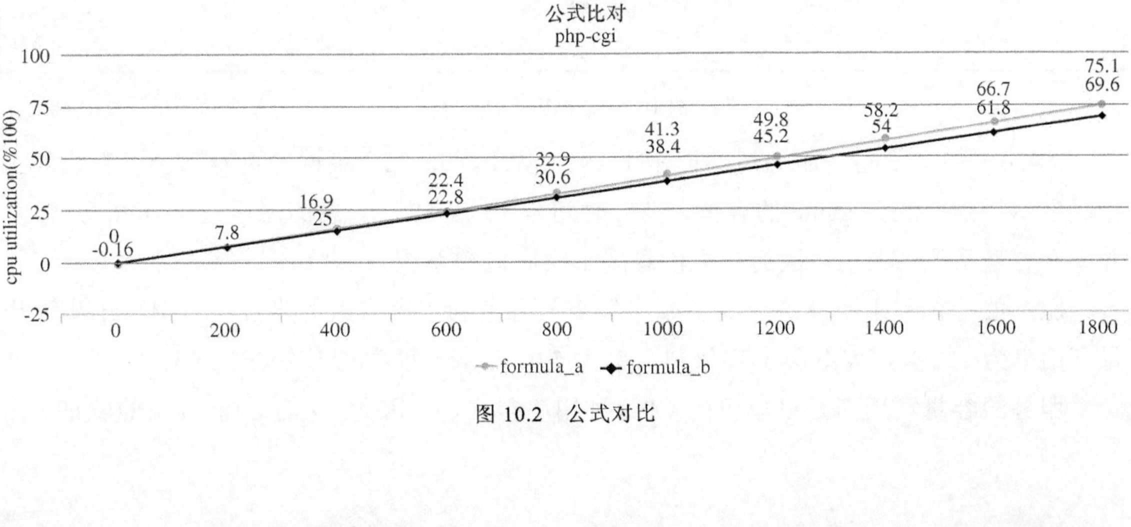

图 10.2 公式对比

图 10.2 中，x 以步进 200，直到 1800 为止，两个公式生成的线几乎是重合的。在最高点公式 a 的值是 75.1%，公式 b 的值是 69.6%，相差只有 5.5。对于这种差异是不需要处理的，这源于上面所述的多种不抗力，实际工作中的 CPU 同样会受这些影响。

10.2　当前容量验证

默认情况下，容量管理系统展示的是系统当前容量利用率，如图 10.3 所示。

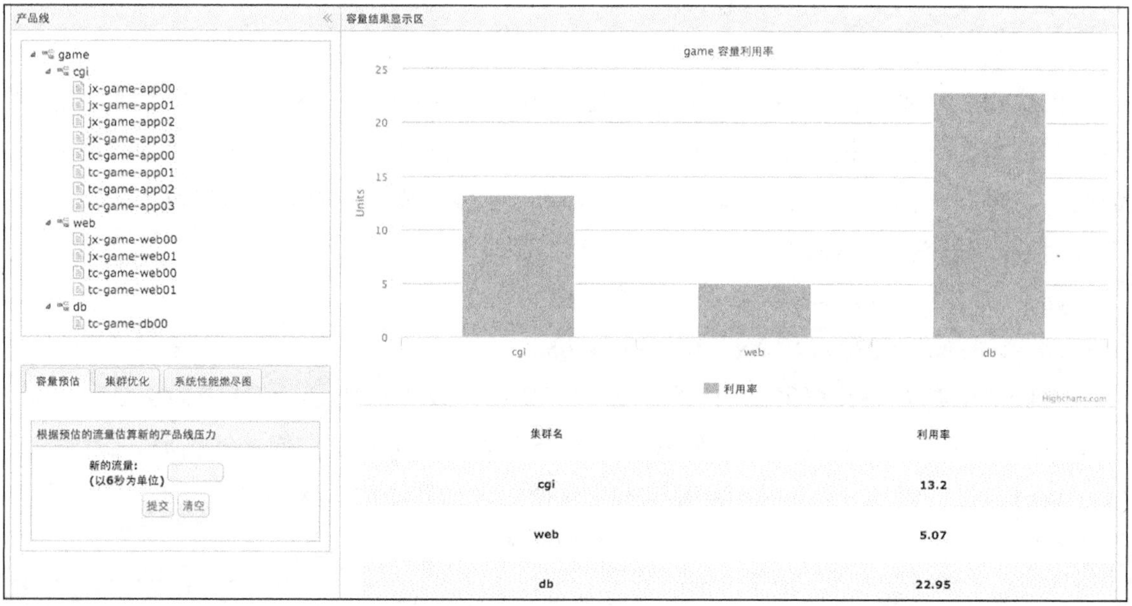

图 10.3　产品服务利用率

图 10.3 中左上角是服务树，展示了 cgi、Web、db 三个集群的机器列表。右边的工作区展示了当前服务 game 的容量，当前时间是 15 点 52 分，总的流量是 1500/6 秒（注：并未在容量系统中展示，因为此类信息属于实时监控系统）。

服务的整体利用率取决于其组成集群中、容量利用率最大的集群，其中 cgi 集群容量利用率为 13.2%，Web 集群容量利用率为 5.07%，db 集群利用率是 22.95%。

服务的容量利用率是以单机的 CPU 利用率得出的，因此，对于当前容量的验证，需要通过每台机器的 CPU 监控信息得出。图 10.4 中的是 cgi 集群中各机器的监控。

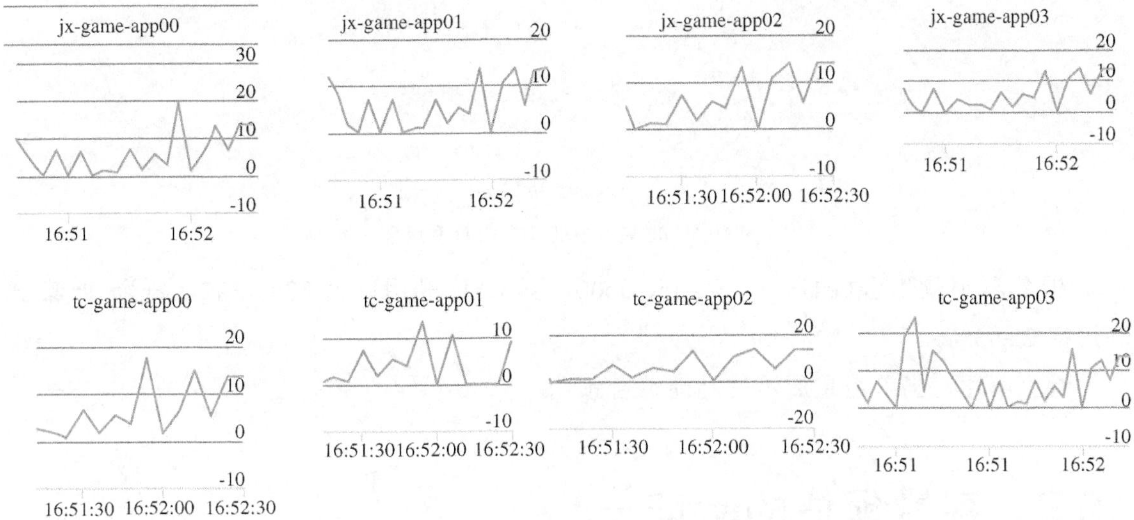

图 10.4　cgi 集群监控

如图 10.4 所示，cgi 集群中一共有 8 台服务器，除 tc-game-app01 和 tc-game-app02 这两台机器外，大部分机器的 CPU 利用率都是 13%左右。集群的利用率是用集群中所有机器的平均 CPU 利用率得到的，cgi 集群的容量利用率是 13.2%，这与实际相符，符合预期。

下面是 Web 集群中各机器的 CPU 监控信息，如图 10.5 所示。

Web 集群中共 4 台机器，jx-game-web00 的 CPU 利用率为 5%左右，jx-game-web01 的 CPU 利用率为 2.5%左右，tc-game-web00 的 CPU 利用率为 9%左右，tc-game-web01 的 CPU 利用率为 3%左右，其平均利用率约等于 5%，符合约期。

下面是 db 集群的利用率，如图 10.6 所示。

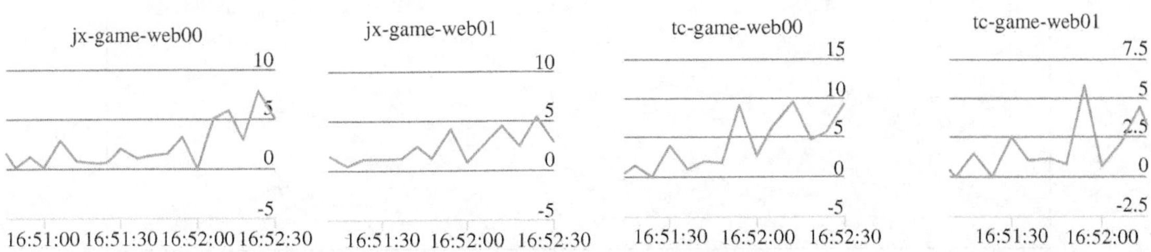

图 10.5　Web 集群中机器 CPU 利用率

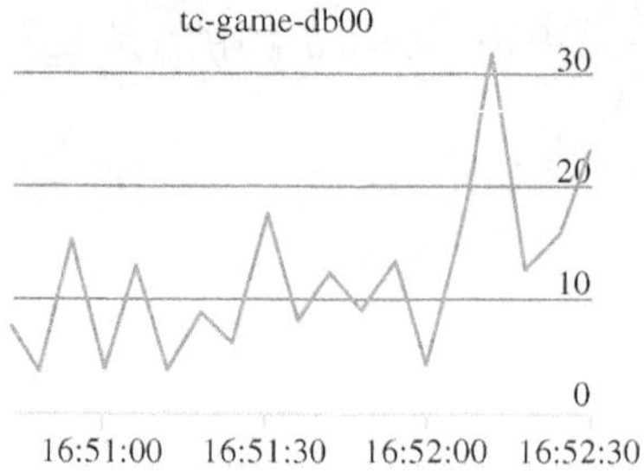

图 10.6　db 集群中机器的 CPU 利用率

db 集群中就 1 台机器——tc-game-db00，其 CPU 利用率为 23%左右，符合 db 集群利用率 22.95%。

综上所述，当前容量展示的功能符合预期。

10.3　容量预估的验证

容量预估功能展示的是新的流量下，或者是更高的流量下服务的整体利用率。

如图 10.7 所示，这里提交的新流量是 4500，这是 6 秒内的总流量数，工作区中展示新的容量利用率：cgi 集群为 26.41%，Web 集群为 11.97%，db 集群为 29.73。

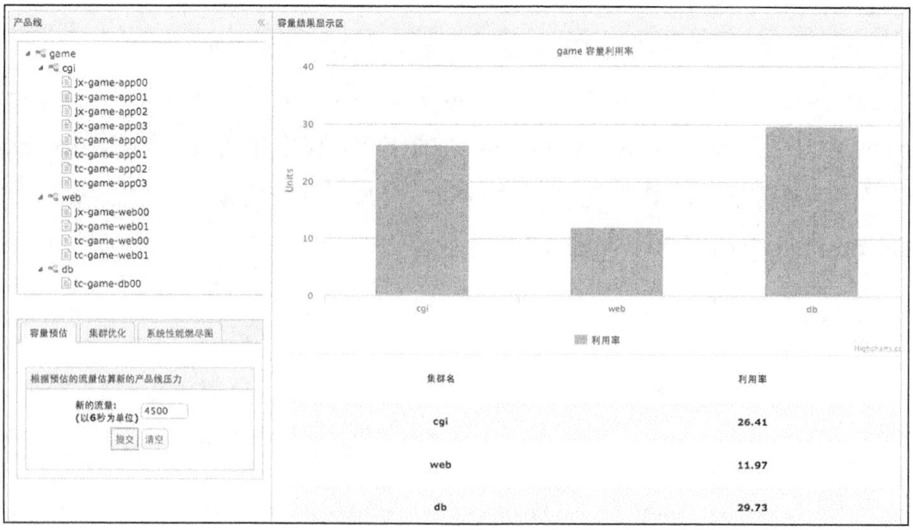

图 10.7　容量预估功能展示

对于它的验证，只能用已存在的数据验证，还是需要去看各机器的实际 CPU 监控图，下面依然按 3 个集群来分别展示。图 10.8 是 cgi 集群的监控。

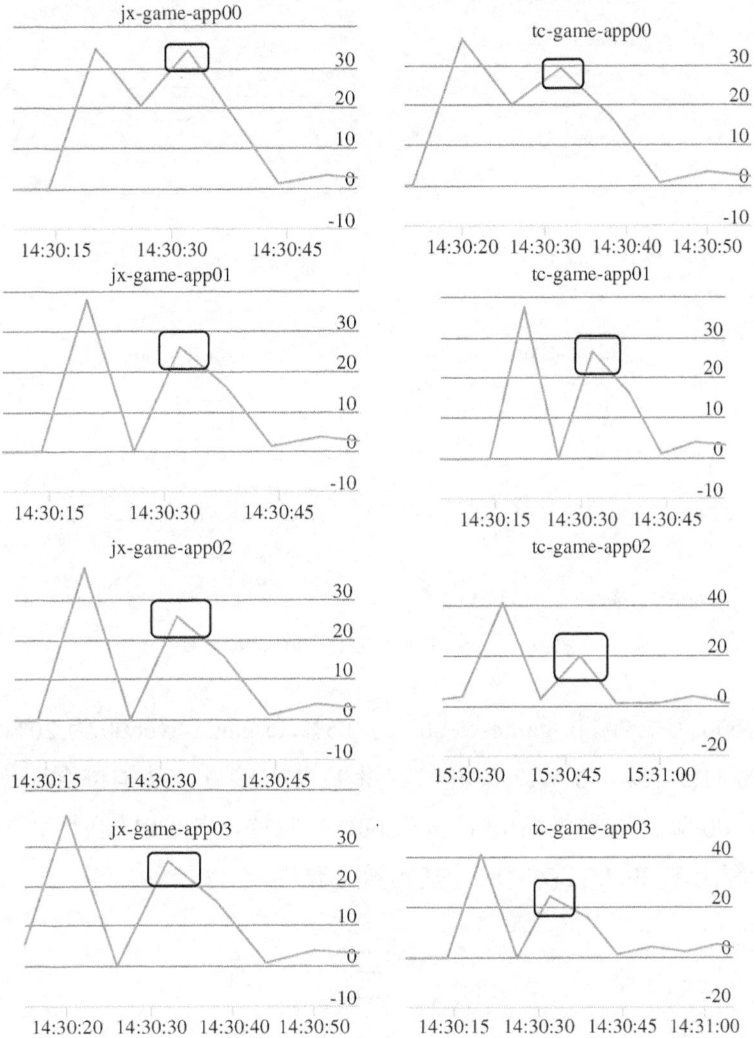

图 10.8 cgi 集群中的机器 CPU 利用率

由于并发 4500 的访问量，对于此类服务只有在峰值时间才有，所以用过去的时间 14 点 30 分左右的数据来验证。如图 10.8 所示，jx-game-app00 利用率为 34%，tc-game-app02 为 20%左右，除这两台机器外，集群内的其他机器 CPU 利用率都为 26%左右，经过平均处理后为 26.25%左右，与 cgi 集群的 26.41%很接近，符合期望。

下面是各 Web 机器的监控信息，如图 10.9 所示。

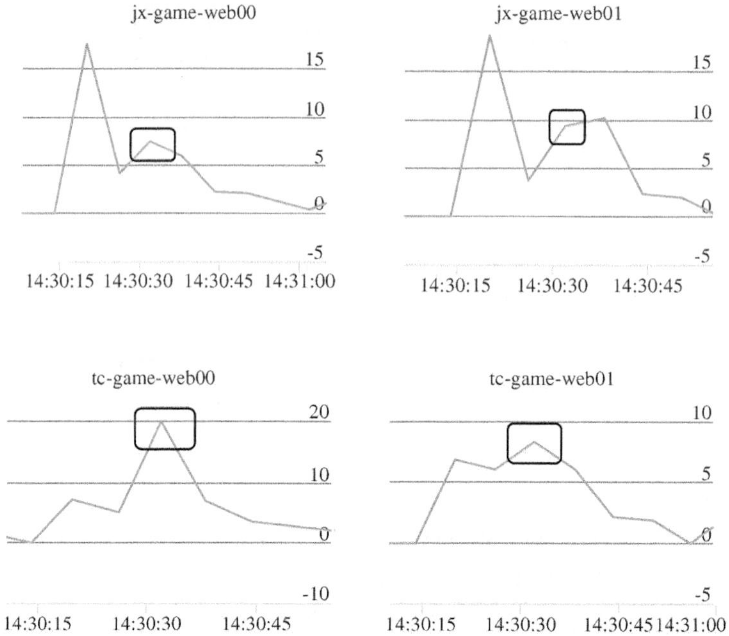

图 10.9 Web 集群中机器 CPU 监控信息

jx-game-web00 为 7.5%，jx-game-web00 为 9.5%，tc-game- web00 为 20%，tc-game-web01 为 8.5%，平均为 11.375%，与 Web 集群的容量 11.97%接近，基本符合期望。

图 10.10 是 db 集群中的机器 tc-game-db00 的监控，其 CPU 利用率为 31%左右，这与 db 集群容量利用率 29.73%较接近，基本符合预期。

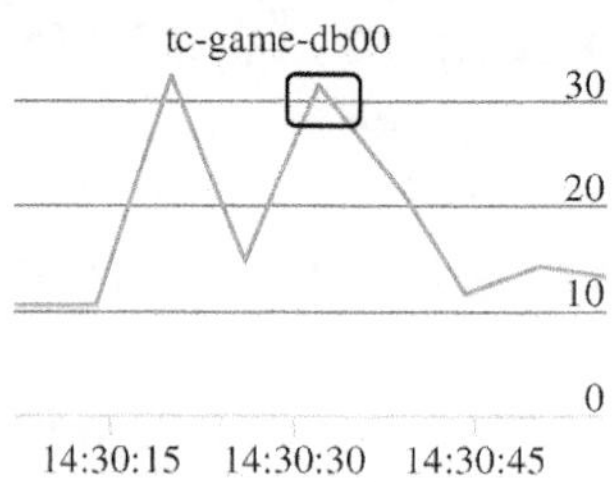

图 10.10 db 集群 CPU 监控

至此，容量预估功能基本上符合预期。

10.4 集群优化验证

集群优化功能是根据指定的容量利用率和流量压力，对现有服务系统中的机器数给出建议。下面开始功能验证。

如图 10.11 所示，左边显示的是 13 台机器，右边工作区中展示的是当前的服务容量利用率 22.95%。

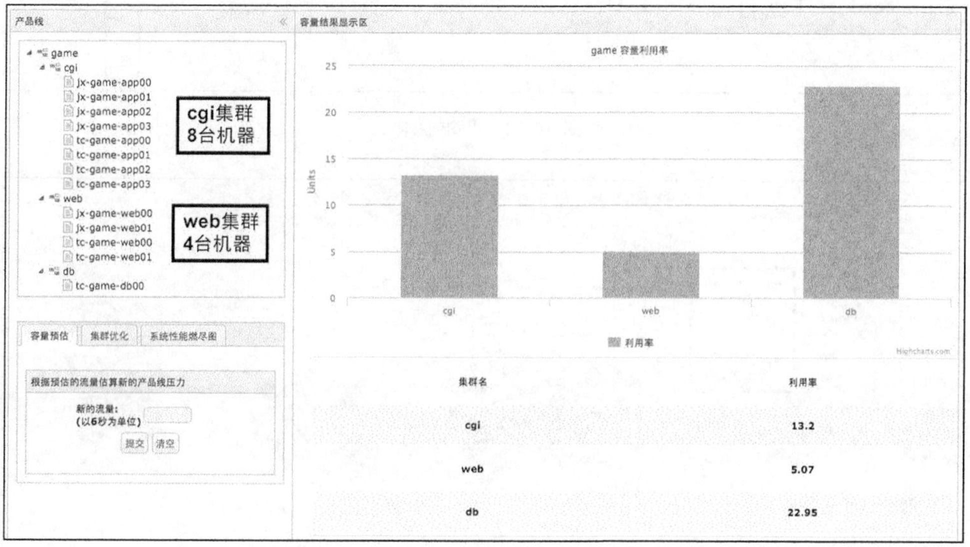

图 10.11　集群优化

下面开始优化服务的机器数，单击集群优化，如图 10.12 所示。

在图 10.12 中，在左下方的框框中选择新的容量利用率为 80%，如果不输入新的流量，默认为当前流量，提交后，结果以柱状图展示在右边工作区。其中蓝色的部分（运行后可看到）为各集群中当前机器数，黑色的部分（运行后可看到）是建议的机器数。这里的结果是，cgi 集群建议为 6 台机器，Web 集群建议为 2 台机器，db 集群建议为 1 台机器。

按照这个结果去优化服务器数量，新的容量结果如图 10.13 所示。

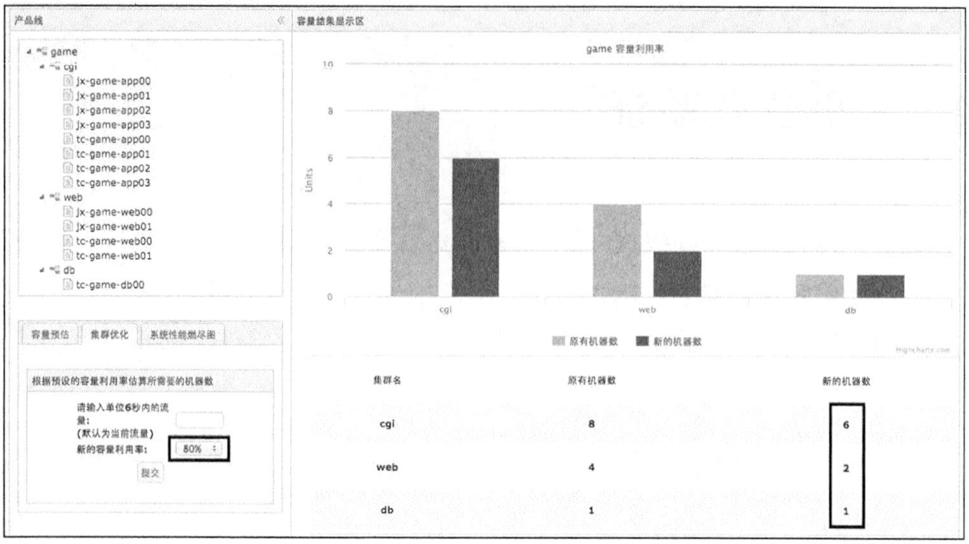

图 10.12 集群优化

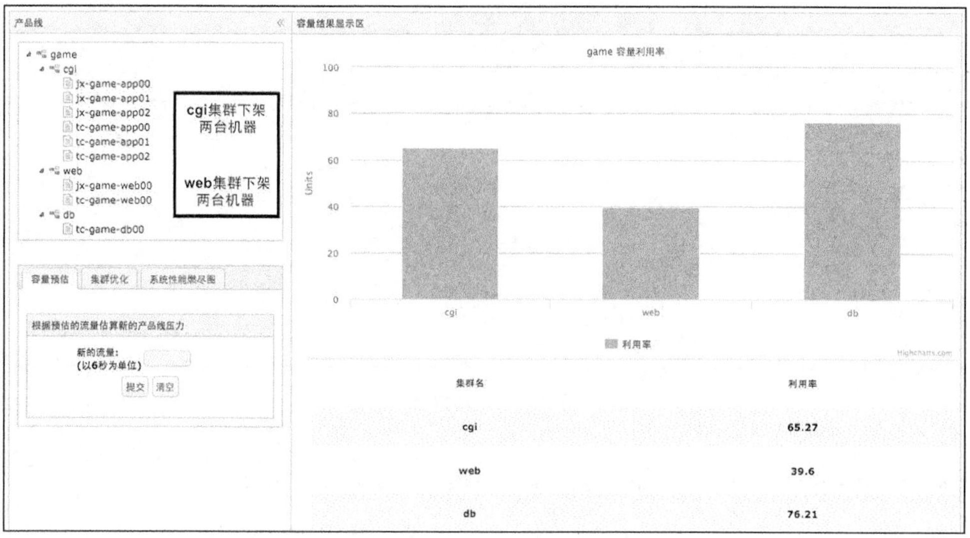

图 10.13 容量优化后的容量结果

图 10.13 中左上角的服务树中，已经少了 4 台机器。新的集群容量是 cgi 为 65.27%，Web 为 39.6%，db 为 76.21%。下面通过这些机器的监控来验证，如图 10.14 所示。

按照优化建议，原系统中已经下架了 tc-game-app03 和 jx-game-app03 这 2 台机器。

tc-game-app01 和 tc-game-app02 的 CPU 利用率为 51%，除它们外，其他机器利用

率皆为 74%左右，平均为 66.33%，这与 cgi 集群的利用率 65.27%较接近，基本符合期望。

图 10.15 是 Web 集群中的情况。

Web 集群中还剩下 2 台机器，它们的利用率分别为 32%和 47%左右，平均为 39.5%，这与 Web 集群容量 39.6%非常接近，很符合预期。

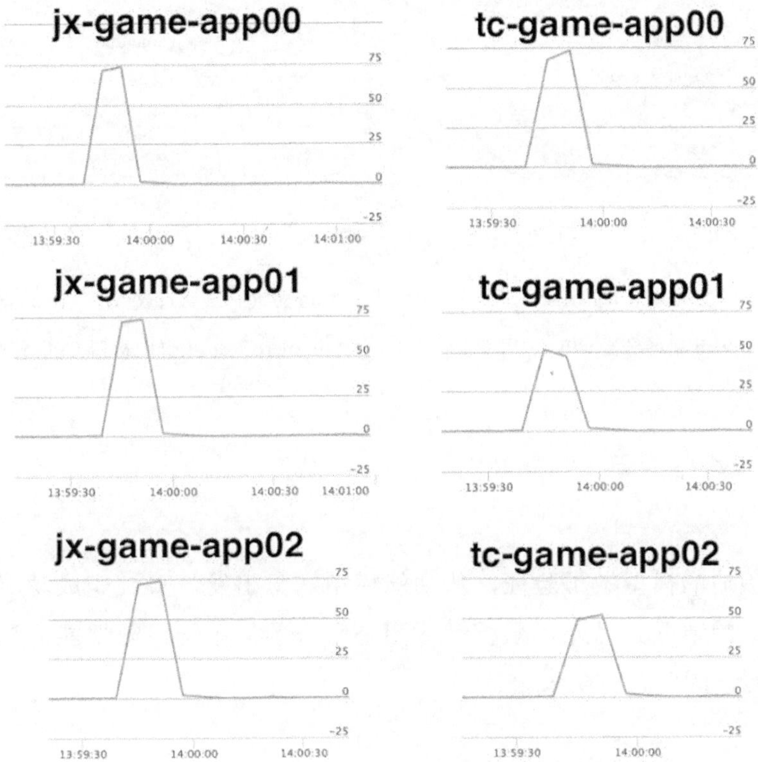

图 10.14 cgi 集群中机器的 CPU 压力

图 10.16 是 db 集群的情况。

db 集群中 tc-game-db00 的 CPU 利用率为 76%左右，这与 db 集群的当前容量 76.21%是非常接近的，很符合预期。

db 集群是 game 服务中容量利用率最大的集群，因此，整个 game 服务的容量利用率为 76.21%，我们之前按照 80%去优化，存在 3.79%的误差，处于 10%以内的可接受范围，因此，集群优化功能符合预期。

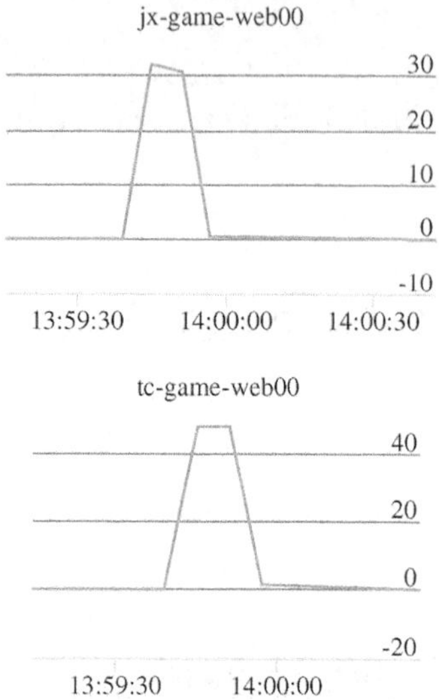

图 10.15　Web 集群机器 CPU 利用率

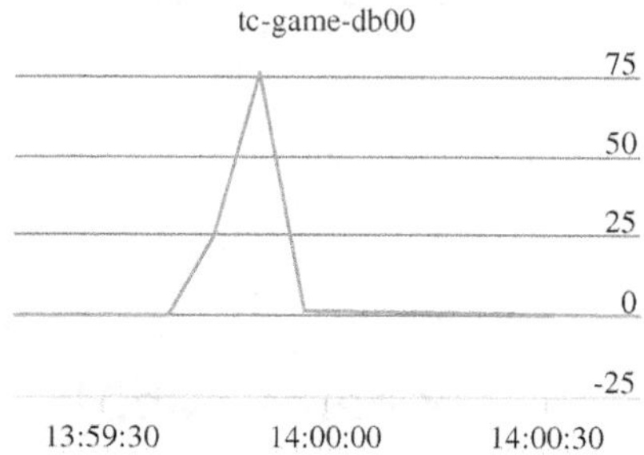

图 10.16　db 集群中机器 CPU 利用率

10.5　本章小结

本小节对预估的模型做了验证，从功能模型本身出发，直到完成功能的验证，基本上符合实际监控的情况。另外，系统燃尽图是用来预估系统极限性能，这种极限测试会导致业务不稳定，因此暂时未安排。

第 11 章　结论及展望

11.1　容量管理系统的总结

容量管理系统的实现还是较麻烦的，用一些专家的话说，这里面的“水很深”。这不仅涉及数学，还涉及如何使样本更加合理。毕竟模型的建立是以样本为基础，同样一批数据，生成的样本不一样，拟合出来的方程自然也是不一样的，如何做？太多的选择，看似容易，但这恰恰也正是让人烦乱的地方。

在开始容量规化之初，我们对整体测试还是模块测试讨论了很久，各有各的好处，但在实现过程中，暴露出来的问题便让我们有些吃不消了，比如有些模块的采样周期必须加大，否则用这样的样本做回归的话，结果显示令人觉得不满意，难以理解。如果对整机测试的话就不会出现类似的问题，好在我们已经解决了它，可以针对不同的模块采取不同的采样周期。

程序开发过程中最大的困难就是方法不明朗，其中选择太多很耗精力，各种可能的方法都要测试、验证、推翻、改进、测试……尤其是笔者一个人独自完成项目，这种疲惫与挫败感更加强烈。

一般的产品开发，基本上属于点对点，即方向很明确，不涉及多种未知的方案，更不会浪费大量的精力。在容量管理的实现中较麻烦的地方是建模，模型建立的好坏，不能全靠模型的拟合优度来判定，必须要符合实际意义，而这需要实际测试才能选定模型。另一个麻烦的是要适配不同的服务部署环境，有的产品线是单机单模块，这种结构的处理较清楚，甚至可以用流量来对整机预测。而有的产品则是单机多模块，这导致一台机器属于多个集群，这加大了处理的难度。

建模这块儿最好有数学专业的人来参与，因为很多东西不是编程能解决的问题，难度并不在编程上，因此，本书中的代码较简单，总之，编程并不是本书的重点，本书只想和读者分享用回归分析做容量规划的思路。

11.2 容量管理系统展望

容量管理是个非常复杂的工作，在计算机中，容量泛指一系列资源，包括硬件和软件，如内存、硬盘、网络流量等。

容量管理可做的工作还很多，比如流量切换、资源调度、资源预算等，这涉及大量的调研工作及测试工作，因此需要投入更大的精力，在今后的实际工作中，如果需要，还是要把周边的容量项目也列入开发计划。

为方便以后容量管理的扩展，目前，在数据采集阶段就已经预留了IO，将来可以把IO利用率作为衡量存储型产品的容量标准，以使容量管理支持更多类型的业务。

读书笔记

读书笔记